高等职业教育系列教材

变电站综合自动化与智能变电站应用技术

主编　田淑珍

U0240142

机 械 工 业 出 版 社

本书包含了变电站综合自动化与智能变电站的重点内容，同时结合了电力行业运行、设备维护和管理的实际。本书内容新颖、实用、图文并茂，便于教学和自学，从变电站综合自动化的概念、主要研究内容及结构特征入门，在了解变电站综合自动化的基础上进一步介绍智能变电站的关键技术和运行知识，便于理解变电站综合自动化和智能化的相同点和关键技术上的不同，使高职学生对变电站综合自动化和智能变电站有个初步的了解和认识。

本书主要包括变电站综合自动化系统的基础知识、变电站综合自动化信息的测量与采集、变电站自动化系统的自动控制与调节装置、智能变电站概述、电子式互感器、智能化高压设备、智能变电站的运行操作与维护。

本书可以作为高职高专院校工厂自动化专业、电气自动化专业和机电一体化专业的理论教学和实训教学用书。

本书配有授课电子课件，需要的教师可登录 www.cmpedu.com 免费注册，审核通过后下载，或联系编辑索取（QQ：1239258369，电话：010-88379739）。

图书在版编目（CIP）数据

变电站综合自动化与智能变电站应用技术/田淑珍主编 . —北京：机械工业出版社，2018.3（2025.1 重印）
高等职业教育系列教材
ISBN 978-7-111-59291-4

Ⅰ．①变… Ⅱ．①田… Ⅲ．①变电所-自动化技术-高等职业教育-教材 ②智能系统-变电所-电力系统运行-高等职业教育-教材 Ⅳ．①TM63

中国版本图书馆 CIP 数据核字（2018）第 039473 号

机械工业出版社（北京市百万庄大街 22 号 邮政编码 100037）
策划编辑：王 颖 责任编辑：李文轶
责任校对：陈 越 责任印制：郜 敏
北京富资园科技发展有限公司印刷
2025 年 1 月第 1 版第 6 次印刷
184mm×260mm · 11.5 印张 · 278 千字
标准书号：ISBN 978-7-111-59291-4
定价：45.00 元

电话服务 网络服务
客服电话：010-88361066 机 工 官 网：www.cmpbook.com
　　　　　010-88379833 机 工 官 博：weibo.com/cmp1952
　　　　　010-68326294 金 书 网：www.golden-book.com
封底无防伪标均为盗版 机工教育服务网：www.cmpedu.com

前　　言

随着电力行业的迅速发展，综合自动化变电站的普及，智能变电站的推广，在职业教育中，电气自动化及其相关专业的教学内容及电力行业职工的培训，需要以综合自动化变电站和智能变电站运行维护岗位能力为核心，突出针对性与实用性，要融入电力行业新的标准、规程、规定及新设备、新技术、新知识、新工艺。在内容上更贴近岗位需求，在形式上更便于教学与自学，服务于教学和培训的实际需求。

本书将学校教学与现场实际有机地结合起来，优化、精简理论教学内容，以实用、够用为主，融合了变电站综合自动化和智能变电站的新设备及其运行经验、新技术及其使用方法，并采用了"基础知识＋技能训练"的编写模式，便于教学和自学。

本书内容上基本包含了变电站综合自动化与智能变电站的重点内容，同时结合了电力行业运行、设备维护和管理的实际。本书内容新颖、实用、图文并茂，从变电站综合自动化的概念、主要研究内容及结构特征入门，在了解变电站综合自动化的基础上进一步介绍智能变电站的关键技术和运行知识，便于理解变电站综合自动化和智能化的相同点和关键技术上的不同，以便于高职学生对变电站自动化和智能变电站有个初步的了解和认识。

本书主要包括变电站综合自动化系统的基础知识、变电站综合自动化信息的测量与采集、变电站自动化系统的自动控制与调节装置、智能变电站概述、电子式互感器、智能化高压设备、智能变电站的运行操作与维护。

本书可以作为高职高专院校工厂自动化专业、电气自动化专业和机电一体化专业的理论教学和实训教学用书。

本书是机械工业出版社组织出版的"高等职业教育系列教材"之一，由田淑珍主编，并编写第2、3（除第3.5节和第3.7节）、5、6、7章，张洪星编写第1章、第3.5节和第3.7节，王延忠编写第4章。全书由田淑珍整理定稿。本书配套的教学课件中大量的实物照片由在现场从事工作多年，有着丰富现场工作经验和培训经验的工程师张洪星提供，教学课件由王延忠制作。

由于编者水平有限，书中难免存在一些缺点、疏漏及不足之处，恳请读者批评指正。

编　者

目　　录

第1章　变电站综合自动化系统的基础知识

1.1　变电站综合自动化系统的概念、功能和结构

1.1.1　变电站综合自动化系统的概念

变电站综合自动化是利用先进的计算机技术、现代电子技术、通信技术和信号处理技术，实现对全变电站的主要设备和输、配电线路的自动监视、测量、自动控制和微机保护，以及与调度通信等综合性的自动化功能。

变电站综合自动化系统可以采集到比较齐全的数据和信息，利用计算机的高速计算能力和逻辑判断功能，可方便地监视和控制变电站内各种设备的运行和操作。变电站综合自动化系统具有功能综合化、结构微机化、操作监视屏幕化、运行管理智能化等特征。

变电站综合自动化的研究包括如下内容。

1）电气量的采集和电气设备（如断路器等）的状态监视、控制和调节。

2）实现变电站正常运行的监视和操作，保证变电站的正常运行和安全。

3）发生事故时，由继电保护和故障录波等完成瞬态电气量的采集、监视和控制，并迅速切除故障和完成事故后的恢复正常操作。

4）高压电器设备本身的监视信息（如断路器、变压器和避雷器等的绝缘和状态监视等）。

1.1.2　变电站综合自动化系统的基本功能

变电站综合自动化系统的基本功能主要体现在微机保护、安全自动控制、远动监控、通信管理四大子系统的功能中。

（1）微机保护子系统

微机保护子系统的功能：微机保护应包括全变电站主要设备和输电线路的全套保护，具体有：①高压输电线路的主保护和后备保护；②主变压器的主保护和后备保护；③无功补偿电容器组的保护；④母线保护；⑤配电线路的保护。

微机保护子系统中的各保护单元，除了具有独立、完整的保护功能外，还必须满足以下要求，也即必须具备以下附加功能。

① 满足保护装置快速性、选择性、灵敏性和可靠性的要求，它的工作不受监控系统和其他子系统的影响。为此，要求保护子系统的软、硬件结构要相对独立，而且各保护单元，例如变压器保护单元、线路保护单元、电容器保护单元等，必须由各自独立的 CPU 组成模块化结构；主保护和后备保护由不同的 CPU 实现，重要设备的保护，最好采用双 CPU 的冗余结构，保证在保护子系统中一个功能部件模块损坏，只影响局部保护功能而不能影响其他设备。

② 存储多套保护定值和定值的自动校对，以及保护定值、功能的远方整定和投退。

③ 具有故障记录功能。当被保护对象发生事故时，能自动记录保护动作前后有关的故障信息，包括故障电压电流、故障发生时间和保护出口时间等，以利于分析故障。在此基础上，尽可能具备一定的故障录波功能，以及录波数据的图形显示和分析，这样更有利于事故的分析和尽快解决。

④ 具有统一时钟对时功能，以便准确记录发生故障和保护动作的时间。

⑤ 故障自诊断、自闭锁和自恢复功能。每个保护单元应有完善的故障自诊断功能，发现内部有故障，能自动报警，并能指明故障部位，以利于查找故障和缩短维修时间。

⑥ 通信功能。各保护单元必须设置有通信接口，与保护管理机或通信控制器连接。保护管理机（或通信控制器）把保护子系统与监控系统联系起来，向下负责管理和监视保护子系统中各保护单元的工作状态，并下达由调度或监控系统发来的保护类型配置或整定值修改等信息；如果发现某一保护单元故障或工作异常，或有保护动作的信息，应立刻上传给监控系统或上传至远方调度端。

（2）安全自动控制子系统

安全自动控制子系统主要包括以下功能：电压无功自动综合控制；低频减载；备用电源自投；小电流接地选线；故障录波和测距；同期操作；五防操作和闭锁；声音图像远程监控。

（3）远动监控子系统

远动监控子系统功能应包括以下几部分内容。

① 数据采集。变电站的数据包括模拟量、开关量和电能量。

变电站需采集的模拟量有系统频率、各段母线电压、进线线路电压、各断路器电流、有功功率、无功功率、功率因数等。此外，模拟量还有主变油温、直流合闸母线和控制母线电压、站用变电压等。

变电站需采集的开关量有断路器的状态及辅助信号、隔离开关状态、有载调压变压器分接头的位置、同期检测状态、继电保护及安全自动控制装置信号、运行告警信号等。

现行变电站综合自动化系统中，电度量采集方式包括脉冲和 RS485 接口两种，对每断路器的电能采集一般不超过正反向有功、无功 4 个电度量，若希望得到更多电度量数据，应考虑通过独立的电量采集系统。

② 事件顺序记录 SOE。事件顺序记录 SOE（Sequence of Events）包括断路器跳合闸记录、保护动作顺序记录，并应记录事件发生的时间（应精确至毫秒级）。

③ 操作控制功能。操作人员应可通过远方或当地显示屏幕对断路器和电动隔离开关进行分、合操作，对变压器分接开关位置进行调节控制。为防止计算机系统故障时无法操作被控设备，在设计时，应保留人工直接跳、合闸手段。对断路器的操作应有以下闭锁功能：断路器操作时，应闭锁自动重合闸；当地进行操作和远方控制操作要互相闭锁，保证只有一处操作，以免互相干扰；根据实时信息，自动实现断路器与隔离开关间的闭锁操作；无论当地操作或远方操作，都应有防误操作的闭锁措施，即要收到返校信号后，才执行下一项。必须有对象校核、操作性质校核和命令执行 3 步，以保证操作的正确性。

④ 人机联系功能、数据处理与记录功能、打印功能。

（4）通信管理子系统

综合自动化系统的通信管理功能包括 3 方面内容。

子系统内部产品的信息管理：即为综合自动化系统的现场级通信，主要解决各子系统内部各装置之间及其与通信控制器（管理机）间的数据通信和信息交换问题，它们的通信范围是变电站内部。对于集中组屏的综合自动化系统来说，实际是在主控室内部；对于分散安装的自动化系统来说，其通信范围扩大至主控室与子系统的安装地，最大的可能是开关柜间，即通信距离加长了。

主通信控制器（管理机）对其他公司产品的信息管理：保护和安全自动装置信息的实时上传、保护和安全自动装置定值的召唤和修改、电子式多功能电能表的数据采集、智能交直流屏的数据采集、向五防操作闭锁系统发送断路器刀开关信号（根据系统设计要求接收其闭锁信号）、其他智能设备的数据采集、所有设备的授时管理和通信异常管理。

主通信控制器（管理机）与上级调度的通信：变电站综合自动化系统应具有与电力调度中心通信的功能，而且每套综合自动化系统应仅有一个主通信控制器完成此功能。

需要说明的是，对专用故障录波屏、独立的电量采集系统、声音图像远程监控系统，由于其数据量较大，目前一般不通过主通信控制器进行信息管理，而采用各自独立的通信网送至远方相应信息监控管理系统。

主通信控制器把变电站所需测量的模拟量、电能量、状态信息和 SOE 等测量和监视信息传送至调度中心，同时从上级调度接收数据和控制命令，例如接收调度下达的开关操作命令，在线修改保护定值、召唤实时运行参数。

主通信控制器与调度中心的通信通道目前主要有载波通道、微波通道、光纤通道。而且对重要变电站，为了保证对变电站的可靠监控，常使用两条通道冗余设置、互为备用。载波通道一般采用 300bit/s 或 600bit/s，也有特殊要求的 1200bit/s 情况；微波通道、光纤通道可达到 9600bit/s。现在越来越多的地方在逐步实施光纤通信手段。

1.1.3 变电站综合自动化系统分层分布式结构形式

分层分布式结构的变电站综合自动化系统是以变电站内的电气间隔和元件（变压器、电抗器、电容器等）为对象开发、生产、应用的计算机监控系统。分层分布式结构的变电站综合自动化系统的结构特点主要表现在以下 3 个方面。

1. 分层式的结构

按照国际电工委员会（IEC）推荐的标准，在分层分布式结构的变电站控制系统中，整个变电站的一、二次设备被划分为 3 层，即过程层（process level）、间隔层（bay level）和站控层（station level）。其中，过程层又称为 0 层或设备层，间隔层又称为 1 层或单元层，站控层又称为 2 层或变电站层。

图 1-1 为某 110kV 分层分布式结构的变电站综合自动化系统的结构图，图中简要绘出了过程层、间隔层和站控层的设备。按照该系统的设计思路，图中每一层分别完成分配的功能，且彼此之间利用网络通信技术进行数据信息的交换。

过程层主要包含变电站内的一次设备，如母线、线路、变压器、电容器、断路器、隔离

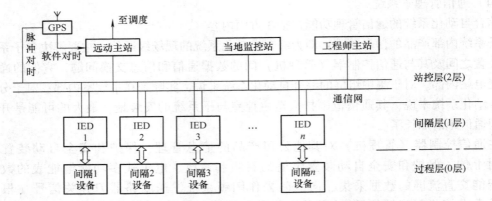

图 1-1　110kV 分层分布式结构的变电站综合自动化系统结构图

开关、电流互感器和电压互感器等，它们是变电站综合自动化系统的监控对象。

过程层是一次设备与二次设备的结合面，或者说过程层是指智能化电气设备的智能化部分。过程层的主要功能分 3 类。

① 电力运行的实时电气量检测。主要是电流、电压、相位以及谐波分量的检测，其他电气量如有功、无功、电能量可通过间隔层的设备运算得出。

② 运行设备的状态参数在线检测与统计。变电站需要进行状态参数检测的设备主要有变压器、断路器、隔离开关、母线、电容器、电抗器以及直流电源系统。在线检测的内容主要有温度、压力、密度、绝缘、机械特性以及工作状态等数据。

③ 操作控制的执行与驱动。操作控制的执行与驱动包括变压器分接头调节控制，电容、电抗器投切控制，断路器、隔离开关合分控制，直流电源充放电控制。

过程层的控制执行与驱动大部分是被动的，即按上层控制指令而动作，比如接到间隔层保护装置的跳闸指令、电压无功控制的投切命令、对断路器的遥控开合命令等。在执行控制命令时具有智能性，能判别命令的真伪及其合理性，还能对即将进行的动作精度进行控制，能使断路器定相合闸、选相分闸，在选定的相角下实现断路器的关合和开断，要求操作时间限制在规定的参数内。又例如对真空断路器的同步操作要求能做到断路器触头在零电压时关合，在零电流时分断等。

间隔层各智能电子装置（IED）利用电流互感器、电压互感器、变送器和继电器等设备获取过程层各设备的运行信息，如电流、电压、功率、压力和温度等模拟量信息以及断路器、隔离开关等的位置状态，从而实现对过程层进行监视、控制和保护，并与站控层进行信息的交换，完成对过程层设备的遥测、遥信、遥控和遥调等任务。在变电站综合自动化系统中，为了完成对过程层设备进行监控和保护等任务，设置了各种测控装置、保护装置、保护测控装置、电能计量装置以及各种自动装置等，它们都可被看作是 IED。图 1-2 为 RCS－9611 保护测控单元面板。

间隔层设备的主要功能是：汇总本间隔过程层实时数据信息；实施对一次设备保护控制功能；实施本间隔操作闭锁功能；实施操作同期及其他控制功能；对数据采集、统计运算及控制命令的发出具有优先级别的控制；承上启下的通信功能，即同时高速完成与过程层及站控层的网络通信功能。

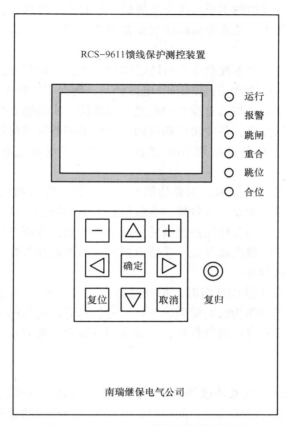

图 1-2　RCS–9611 保护测控单元面板

　　站控层借助通信网络（通信网络是站控层和间隔层之间数据传输的通道）完成与间隔层之间的信息交换，从而实现对全变电站所有一次设备的当地监控功能以及间隔层设备的监控、变电站各种数据的管理及处理功能（如图 1-1 中的当地监控主站及工程师站）；同时，它还经过通信设备（如图 1-1 中的远动主站），完成与调度中心之间的信息交换，从而实现对变电站的远方监控。

　　站控层的主要任务为：通过两级高速网络汇总全站的实时数据信息，不断刷新实时数据库，按时登录历史数据库；按既定规约将有关数据信息送向调度或控制中心；接收调度或控制中心有关控制命令并转间隔层、过程层执行；具有在线可编程的全站操作闭锁控制功能。具有（或备有）站内当地监控，人机联系功能，如显示、操作、打印、报警，甚至图像、声音等多媒体功能；具有对间隔层、过程层设备的在线维护、在线组态，在线修改参数的功能；具有（或备有）变电站故障自动分析和操作培训功能。

　　需要指出的是，在大型变电站内，站控层的设备要多一些，除了通信网络外，还包括由工业控制计算机构成的监控工作站、五防主机、远动工作站、工程师工作站等，但在中小型的变电站内，站控层的设备要少一些，通常由一台或两台互为备用的计算机完成监控、远动及工程师站的全部功能。

　　变电站层一般主要由操作员工作站（监控主机）、五防主机、远动主站及工程师工作站组成。

操作员工作站是变电站内的主要人机交互界面，它收集、处理、显示和记录间隔层设备采集的信息，并根据操作人员的命令向间隔层设备下发控制命令，从而完成对变电站内所有设备的监视和控制。

五防主机的主要功能是对遥控命令进行防误闭锁检查，自动开出操作票，确保遥控命令的正确性。此外，五防主机通常还提供编码/电磁锁具，确保手动操作的正确性。

远动主站主要完成变电站与远方控制中心之间的通信，实现远方控制中心对变电站的远程监控。它提供多种通信接口，各种接口和规约可以根据需要灵活配置，遥信、遥测等信息点的容量基本没有限制，与各种常用 GPS 接收机通信，实现对交电站间隔层装置的 GPS 对时。

工程师站供专业技术人员使用。主要功能有：①监视、查询和记录保护设备的运行信息；②监视、查询和记录保护设备的告警、事故信息及历史记录，③查询、设定和修改保护设备的定值；④查询、记录和分析保护设备的分散录波数据，⑤用户权限管理和装置运行状态统计；⑥完成应用程序的修改和开发；⑦修改数据库的参数和参数结构；⑧在线测点的定义和标定、系统维护和试验等。

在变电站监控系统中采用 GPS 对时，需要在站内安装一套 GPS 卫星天文钟。GPS 卫星天文钟采用卫星星载原子钟作为时间标准，并将时钟信息通过通信电缆送到变电站综合自动化系统各有关装置，对它们进行时钟校正，从而实现各装置与电力系统统一时钟。

2. 分布式的结构

由于间隔层的各 IED 是以微处理器为核心的计算机装置，站控层各设备也是由计算机装置组成的，它们之间通过网络相连，间隔层和站控层共同构成的分布式的计算机系统，间隔层各 IED 与站控层的各计算机分别完成各自的任务，并且共同协调合作，完成对全变电站的监视、控制等任务。

分布式系统结构的最大特点是将变电站自动化系统的功能分散给多台计算机来完成。各功能模块（常是多个 CPU）之间采用网络技术或串行方式实现数据通信。分布式结构方便系统扩展和维护，局部故障不影响其他模块正常运行。

如微机型变压器保护主要包括速断保护、比率制动型差动保护和电流电压保护等，主保护的功能由一个 CPU 单独完成；后备保护主要由复合电压电流保护构成，过负荷保护、气体保护触点引入微机，经由微机保护出口，轻瓦斯报警；温度信号经温度变送器输入微机，可发超温信号并据此启动风扇，后备保护功能也由一个 CPU 单独完成，主保护 CPU 和后备保护 CPU 分开，各自完成各自功能，增加了保护的可靠性。

3. 面向间隔的结构

间隔层设备的设置是面向电气间隔的，即对应于一次系统的每一个电气间隔，分别布置有一个或多个智能电子装置来实现对该间隔的测量、控制、保护及其他任务。

电气间隔是指发电厂或变电站一次接线中一个完整的电气连接，包括断路器、隔离开关、电流互感器、电压互感器和端子箱等。根据不同设备的连接情况及其功能的不同，间隔有许多种：比如有母线设备间隔、母联间隔、出线间隔等；对主变压器来说，以变压器本体为一个电气间隔，各侧断路器各为一个电气间隔。

分层分布式系统的主要优点如下所述。

1）每个计算机只完成分配给它的部分功能，如果一个计算机故障，只影响局部，因而整个系统有更高的可靠性。

2）由于间隔层各 IED 硬件结构和软件都相似，对不同主接线或规模不同的变电站，软、硬件都不需另行设计，便于批量生产和推广，且组态灵活。

3）便于扩展。当变电站规模扩大时，只需增加扩展部分的 IED，修改站控层部分设置即可。

4）便于实现间隔层设备的就地布置，节省大量的二次电缆。

5）调试及维护方便。由于变电站综合自动化系统中的各种复杂功能均是微型计算机利用不同的软件来实现的，一般只要用几个简单的操作就可以检验系统的硬件是否完好。

分层分布式结构的综合自动化系统具有以上明显的优点，因而目前在我国被广泛采用。

需要指出的是，在分层分布式变电站综合自动化系统发展的过程中，计算机技术及网络通信技术的发展起到了关键作用，在技术发展的不同时期，出现了多种不同结构的变电站综合自动化系统。同时，不同的生产厂家在研制、开发变电站综合自动化系统的过程中，也都逐渐形成了有自己特色的系列产品，它们的设计思路及结构各不相同。此外不同的变电站由于其重要程度、规模大小不同，它们采用的变电站综合自动化系统的结构也都有所不同。由于这些原因，在我国出现了多种多样的变电站综合自动化系统。但总体来说，这些变电站综合自动化系统的基本结构都符合图 1-1 的形式，只是构成间隔层和站控层的设备以及通信网络的结构与通信方式有所不同。

1.1.4 分层分布式变电站自动化系统的组屏及安装方式

变电站自动化系统组屏及安装方式是指将间隔层各 IED 及站控层各计算机以及通信设备如何组屏和安装。一般情况下，在分层分布式变电站综合自动化系统中，站控层的各主要设备都布置在主控室内；间隔层中的电能计量单元和根据变电站需要而选配的备用电源自动投入装置、故障录波装置等公共单元均分别组合为独立的一面屏柜或与其他设备组屏，也安装在主控室内；间隔层中的各个 IED 通常根据变电站的实际情况安装在不同的地方。按照间隔层中 IED 的安装位置，变电站综合自动化系统有以下 3 种不同的组屏及安装方式。

1. 集中式的组屏及安装方式

集中式的组屏及安装方式是将间隔层中各个保护测控装置机箱根据其功能分别组装为变压器保护测控屏、各电压等级线路保护测控屏（包括 10kV 出线）以及站用直流电源设备等多个屏柜，把这些屏都集中安装在变电站的主控室内。

集中式的组屏及安装方式的优点是：便于设计、安装、调试和管理，可靠性也较高．不足之处是：需要的控制电缆较多，增加了电缆的投资。这是因为反映变电站内一次设备运行状况的参数都需要通过电缆送到主控室内各个屏上的保护测控装置机箱，而保护测控装置发出的控制命令也需要通过电缆送到各间隔断路器的操动机构处。

2. 分散与集中相结合的组屏及安装方式

分散与集中相结合的组屏及安装方式是将配电线路的保护测控装置机箱分散安装在所对应的开关柜上，而将高压线路的保护测控装置机箱、变压器的保护测控装置机箱，均采用集中组屏安装在主控室内，分散与集中相结合的组屏及安装方式示意图如图1-3所示。

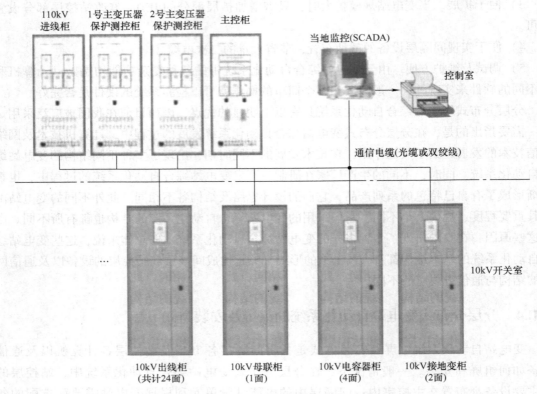

图1-3 分散与集中相结合的组屏及安装方式示意图

这种安装方式在我国比较常用，它有如下特点：

① 10～35kV 馈线保护测控装置采用分散式安装，即就地安装在 10～35kV 配电室内各对应的开关柜上，而各保护测控装置与主控室内的变电站层设备之间通过单条或双条通信电缆（如光缆或双绞线等）交换信息，这样就节约大量的二次电缆。

② 高压线路保护和变压器保护、测控装置以及其他自动装置，如备用电源自投入装置和电压、无功综合控制装置等，都采用集中组屏结构，即将各装置分类集中安装在控制室内的线路保护屏（如110kV 线路保护屏、220kV 保护屏等）和变压器保护屏等上面，使这些重要的保护装置处于比较好的工作环境，对可靠性较为有利。

3. 全分散式组屏及安装方式

全分散式组屏及安装方式将间隔层中所有间隔的保护测控装置，包括低压配电线路、高压线路和变压器等间隔的保护测控装置均分散安装在开关柜上或距离一次设备较近的保护小间内，各装置只通过通信（如光缆或双绞线等）与主控室内的变电站层设备之间交换信息，全分散式组屏及安装方式图例如图1-4所示。全分散式变电站综合自动化系统结构如图1-5所示。

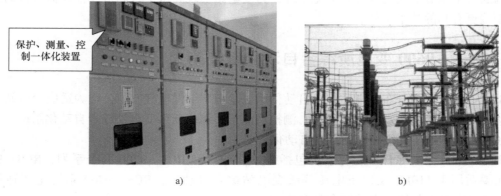

图1-4　全分散式组屏及安装方式图例

a) 开关柜上的保护测控装置　b) 户外保护测控柜

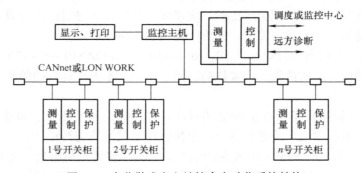

图1-5　全分散式变电站综合自动化系统结构

这种安装方式的优点如下所述。

① 由于各保护测控装置安装在一次设备附近，不需要将大量的二次电缆引入主控室，所以大大简化了变电站二次设备之间的互连线，同时节省了大量连接电缆。

② 由于主控室内不需要大量的电缆引接，也不需要安装许多的保护屏、控制屏等，这就极大地简化了变电站二次部分的配置，大大缩小了控制室的面积。

③ 减少了施工和设备安装工程量。由于安装在开关柜的保护和测控单元等间隔层设备在开关柜出厂前已由厂家安装和调试完毕，再加上铺设电缆的数量大大减少，因此可有效缩短现场施工、安装和调试的工期。

但是在使用分散式组屏及安装方式，由于变电站各间隔层保护测控装置及其他自动化装置安装在距离一次设备很近的地方，且可能在户外，因此需解决它们在恶劣环境下（如高温或低温、潮湿、强电磁场干扰、有害气体、灰尘和震动等）长期可靠运行问题和常规控制、测量与信号的兼容性问题等，对变电站综合自动化系统的硬件设备、通信技术等要求较高。

目前变电站综合自动化系统的功能和结构都在不断地向前发展，全分散式的结构一定是今后发展的方向，随着新设备、新技术的进展如电－光传感器和光纤通信技术的发展，使得原来只能集中组屏的高压线路保护装置和主变压器保护也可以考虑安装于高压场附近，并利用日益发展的光纤技术和局域网技术，将这些分散在各开关柜的保护和集成功能模块联系起来，构成一个全分散化的综合自动化系统，为变电站实现高水平、高可靠性和低造价的无人值班创造更有利的技术条件。

1.2　RCS-9600变电所综合自动化系统简介

RCS-9600系列分布变电站综合自动化系统是南瑞继保电气有限公司为适应变电站综合自动化的需要，推出的新一代集保护、测控功能于一体的新型变电站综合自动化系统。满足35~500kV各种电压等级变电站综合自动化需要。

RCS-9600系列综合自动化系统包括RCS-9600和RCS-9700两个系列，RCS-9600系统主要适用于110kV及以下电压等级变电站综合自动化；RCS-9700系统主要适用于220kV及以上电压等级变电站综合自动化。

RCS-9600型综合自动化系统具有以下特点。

1）分布系统。将保护和测控功能按对象进行设计，集合保护、测控功能于一个装置之中，可就地安装在开关柜上，减少大量的二次接线，装置仅通过通信电缆或光纤与上层系统联系，取消了大量信号、测量、控制、保护、电缆接入主控制室。

2）RCS总线。采用电力行业标准DL/T667—1999（IEC60870-6-103）规约，提供保护和测控的综合通信，实时性强，可靠性高，具有不同厂家的同种规约的互操作性，是一种开放式的总线。

3）双网设计。所有设备可提供独立的双网接线，通信互不干扰，可组成双通信网络，提供通信可靠性，也可以一个接通信网，一个接保护录波网络进行设计。

4）对时网络。为GPS硬件对时提供网络方式。GPS装置只需给出一副接点，通过一个网络，即可对所有设备提供硬件对时，避免了以往为每一个设备提供一副接点及一对连接线。

5）后台监控系统。采用开放式系设计，组态完成监控功能、完整提供保护信息功能及保护录波分析，基于Windows NT设计。

1.2.1　RCS-9600系统的构成

RCS-9600综合自动化系统从整体上分为3层，即变电站层、通信层和间隔层，硬件主要由保护测控单元、通信控制单元及后台监控系统组成。

变电站层提供的远动通信功能，可以同时以不同的规约向两个调度或集控站转发不同的信息报文，提供的后台监控系统，功能强大，界面友好，能很好地满足综合自动化系统的需要。

通信层采用电力行业标准规约，可方便地实现不同厂家的设备互连，可选用光纤组网解决通信干扰问题；采用独立双网设计保证了系统通信的可靠性；设备的GPS对时网减少了GPS与设备之间的连线，方便可靠，对时准确。

间隔层解决了该设备在恶劣环境下（高温、强磁场干扰和潮湿）长期可靠运行的问题，并通过将保护与测控功能合二为一，减少重复设备，简化设计。

RCS－9600 型变电站综合自动化系统典型结构如图 1-6 和图 1-7 所示。

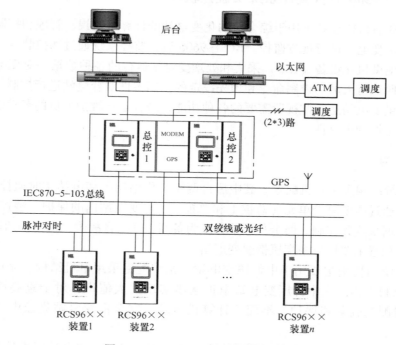

图 1-6　RCS－9600 型系统结构图 1

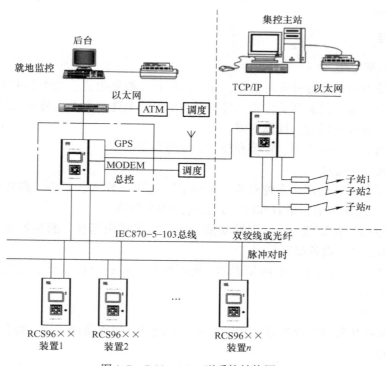

图 1-7　RCS－9600 型系统结构图 2

1.2.2 RCS-9600 后台监控系统及监控软件

RCS-9600 后台监控系统用于综合自动化变电站的计算机监视、管理和控制或用于集控中心对无人值班变电站进行远方监控。RCS-9600 后台监控系统通过测控装置、微机保护以及变电站内其他微机化设备（IED）采集和处理变电站运行的各种数据，对变电站运行参数自动监视，按照运行人员的控制命令和预先设定的控制条件对变电站进行控制，为变电站运行维护人员提供变电站运行监视所需要的各种功能，减轻运行维护人员的劳动强度，提高变电站运行的稳定性和可靠性。

1. 系统结构

图 1-6 系统结构采用双机配置。其中后台两个工作站用于变电站实时监控，相互备用。主计算机系统通过两个总控单元（总控 1 和总控 2）与变电站内的保护、测控装置相连接，实现变电站数据采集和控制。两个总控单元互为备用，任一台故障，可自动切换，接替故障设备工作。该配置主要用于中高压枢纽变电站。

图 1-7 系统结构则主要用于中低压变电站。系统配置采用单机结构。完成变电站日常运行监视和控制工作。在中低压变电站中正逐步实现无人值班，对于重要性较低的变电站，可以配置测控装置和保护，不配置计算机系统，完全由变电站集控中心进行监测和控制。

图 1-6、图 1-7 两种配置硬软件平台完全一样。用户可随着变电站规模的扩大，逐步发展扩充原有系统。

2. 系统功能

（1）实时数据采集

① 遥测。变电站运行各种实时数据，如母线电压、线路电流、功率和主变压器温度等。

② 遥信。断路器、隔离开关位置、各种设备状态、气体继电器信号和气压等信号。

③ 电能量。脉冲电能量，计算电能。

④ 保护数据。保护的状态、定值和动作记录等数据。

（2）数据统计和处理

① 限值监视及报警处理。多种限值、多种报警级别（异常、紧急、事故和频繁告警抑制）、多种告警方式（声响、语音和闪光）告警闭锁和解除。

② 遥信信号监视和处理。人工置数功能、遥信信号逻辑运算、断路器事故跳闸监视及报警处理、自动化系统设备状态监视。

③ 运行数据计算和统计。电能量累加、分时统计、运行日报统计、最大、最小值、负荷率和合格率统计。

（3）操作控制

断路器及隔离开关的分合控制，变压器分接头调节，操作防误闭锁，特殊控制。

（4）运行记录

遥测越限记录，遥信变位记录，SOE 事件记录，自动化设备投停记录，操作记录（如遥控、遥调和保护定值修改等记录）。

（5）报表和历史数据

变电站运行日报、月报；历史库数据显示和保存。

（6）人机界面

电气主接线图、实时数据画面显示，实时数据表格、曲线、棒图显示，多种画面调用方式（菜单、导航图），各种参数在线设置和修改，保护定值检查和修改，控制操作检查和闭锁，画面复制和报表打印，各种记录打印，画面和表格生成工具，语音告警（选配）。

（7）支持多种远动通信规约，与多调度中心通信

（8）远程系统维护（选配功能）

（9）事故追忆功能、追忆数据画面显示功能

3. 监控系统软件

监控系统软件包括 Windows NT/2000 操作系统、数据库、画面编辑和应用软件等几个部分，监控系统软件结构图如图 1-8 所示。

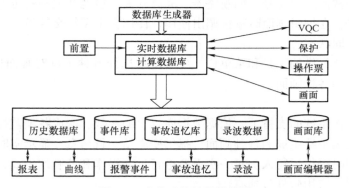

图 1-8　监控系统软件结构图

（1）数据库

数据库用于存放和管理实时数据以及对实时数据进行处理和运算的参数，它是在线监控系统数据显示、报表打印和界面操作等的数据来源，也是来自保护、测控单元数据的最终存放地点。数据库生成系统提供离线定义系统数据库工具，而在线监控系统运行时，由系统数据管理模块负责系统数据库的操作，如进行统计、计算、产生报警、处理用户命令（如遥控，遥调等）。

数据库的组织是层次加关系型的。数据分为 3 层，即由站（对应整个变电站）、数据类型（即遥测、遥信、电能等）、数据序号（又称之为"点"，对应具体的某一个数据）形成数据库的访问层次。层次体现在监控系统在线运行时系统对数据库的读写访问上，也体现在系统数据库的定义上。系统数据库的定义分为站定义、数据类型定义、点定义 3 级进行，站和点都有一系列属性。数据库的关系型结构体现在与系统中的点是相关的，如监控系统在线运行时，判断遥控是否成功要看其对应的遥信是否按要求变位。

系统数据库的数据可以分成两级，既基本级数据和高级数据。基本级数据指遥测、遥信、脉冲的基本属性（系统数据库的描述数据在 RCS－9600 中称为属性）；高级数据则是指在上述基本数据基础上的电压、电流、功率、断路器、隔离开关和电能的属性。基本数据可

以在数据库生成系统中进行定义，而高级数据是监控系统在线运行时产生的。

（2）画面编辑器

画面编辑器是生成监控系统的重要工具，地理图、接线图、列表、报表、棒图、曲线等画面都是在画面生成器中生成的。由画面编辑器生成的画面都能被在线调出显示。地理图、接线图、列表是查看数据、进行操作的主要画面，报表、曲线则主要用于打印。

画面上可以制作两类图元：一类是背景图元，另一类是前景图元。背景图元在线运行时不会发生变化，如画面中的线段、字符、位图以及报表的边框等都是背景图元。前景图元又分为两种，即数据前景图元和操作前景图元。数据前景图元根据其代表的实时或历史数据的值的变化而变化；操作前景图元则代表一个操作，当用户使用鼠标点中该图元时执行这一操作，如调出画面、修改数据和进行遥控等。一般数据前景图元也都是操作前景图元。使用操作前景图元可以把系统使用的画面组成一个网状结构，在线运行时，用户可以方便在各画面之间漫游。

画面编辑器提供了方便的编辑功能，使作图效率更高，提供报表、列表自动生成工具，加快作图速度。

对于画面中经常使用的符号，如断路器、隔离开关、接地开关和变压器等，可以使用画面编辑器制成图符，在编辑画面时直接调出使用。使用多个图符交替显示，还用来代表断路器、隔离开关的不同状态。

通过画面编辑器提供的工具和菜单栏，可方便地选择各种工具对画面进行编辑和处理，形成具体工程所需的各种画面。

（3）应用软件

应用软件在操作系统的支持下，依据数据库提供的参数，完成各项监控功能，并通过人机界面，利用画面编辑器生成的各种画面，提供变电站运行信息，显示实时数据和状态，异常和事故告警；同时提供运行人员对一次设备进行远方操作和控制的手段，对监控系统的运行进行干预和控制。应用软件包括有：

① 数据采集软件。与通信控制器通信，采集各种数据，传送控制命令。

② 数据处理软件。对所采集的数据进行处理和分析，判断数据是否可信、模拟量有无越限、开关量有无变位，按照数据库提供的参数进行各种统计处理。

③ 报警与事件处理软件。判断报警或事件类型，给出报警或事件信息，登录报警或事件内容和时间，设置和清楚相关报警或事件标志。

④ 人机界面处理软件。显示各种画面和报表、告警和事件信息，给出报警音响或语音，自动和定时打印报警、事件信息以及各种报表和画面；操作权限检查，提供遥调、遥控控制操作，确认报警，修改显示数据（人工置数）、修改保护定值。

⑤ 数据库接口。连接数据库与应用软件，对数据库存取进行管理、协调和控制。

⑥ 控制软件。完成特定的控制任务和工作。对每一项控制任务，一般有一个控制软件与之对应。常见的控制软件有：电压无功控制、操作控制连锁。

1.2.3 RCS - 9600 系列保护测控单元

RCS - 9600 保护测控单元用于完成变电站内数据采集、保护和控制，与 RCS - 9600 计算机监控系统相配合实现变电站综合自动化。该系列保护测控单元也可单独使用，用于老变电站改造或同其他变电站监控系统配合使用。

1. RCS－9600 保护测控单元的功能及分类

RCS－9600 系列保护测控单元作为变电站综合自动化系统一个基本部分，以变电站基本元件为对象，完成数据采集、保护和控制等功能。概括地说，其完成的主要功能有：模拟量数据采集、转换与计算，开关量数据采集、滤波，继电保护，自动控制功能，事件顺序记录，控制输出，对时，数据通信。

对保护测控单元，模拟量数据采集、转换和计算，主要有线路电流、母线电压、流过电容器（电抗器）和变压器的电流、变压器的温度、直流母线电压等。对所采集到的电流、电压进行转换和计算，得到电流和电压的数字量，及由电流、电压计算出来的复合量，如有功功率、无功功率，代替常规二次仪表，实现对变电站基本元件参数的监视。

开关量采集包括断路器、隔离开关位置、一次设备状态以及辅助设备运行情况等以空触点形式表示的信息。

继电保护的配置因设备、对象而异。

自动控制功能，主要包括自动准同步、低频减负荷等。

数据通信是实现保护测控单元与计算机监控系统间信息交换的重要手段。通过数据通信，实现大量信息交换，数据共享，功能集成和综合自动化。

依据保护测控单元所服务的对象及所完成的功能分类，RCS－9600 保护测控单元包括：

1）保护单元。如 RCS－978 变压器保护。

2）测控单元。如 RC－9601 线路测控单元。

3）保护测控单元。如 RCS－9611 线路保护测控单元。

4）自动装置单元。如 RCS－9651 分段备自投测控单元。

5）辅助装置单元。如 RCS－9662 电压并列装置。

RCS－9600 系列保护测控单元详细分类如图 1-9 所示。

2. 保护测控单元硬件结构

RCS－9600 系列保护测控单元硬件典型结构框图如图 1-10 所示。保护测控单元主要有交流插件板、CPU 板、出口继电器板、液晶显示面板和电源与开入板等模块构成。

1）交流插件完成转换，隔离现场提供的电流、电压信号，即将现场 100V 和 5A 交流电压和电流信号转换为适宜 A－D 转换器采集和处理的低电压信号。

2）CPU 板包括交流插件接口 A－D 转换部分、开入量以及出口继电器板接口，显示面板接口和外部通信接口。来自交流插件的小电压信号经 A－D 转换后变成数字信号，交给 CPU 进行运算和处理，如检查电流信号是否大于过电流整定值，若大于过电流整定值则经过指定时间延迟后，由 CPU 板向出口继电器板发出断路器跳闸指令，同时记下发出跳闸命令时间，并将保护跳闸指令和跳闸时间合成一条告警信息，在传给显示面板同时，发往通信接口（一般为通信口 B，通信口 A 备用），在完成上述任务后，检查开入接口、继电器板接口确认断路器已跳开，启动重合闸或闭锁重合闸（若有重合闸，计算机在重合闸后，给出重合闸动作信号）；若电流信号不大于保护整定值，则对电流、电压信号按照有关要求，进行计算或处理。等待计算机监控系统命令或人机界面操作命令，将计算和处理结果传往计算机监控系统或送到大屏幕液晶显示。

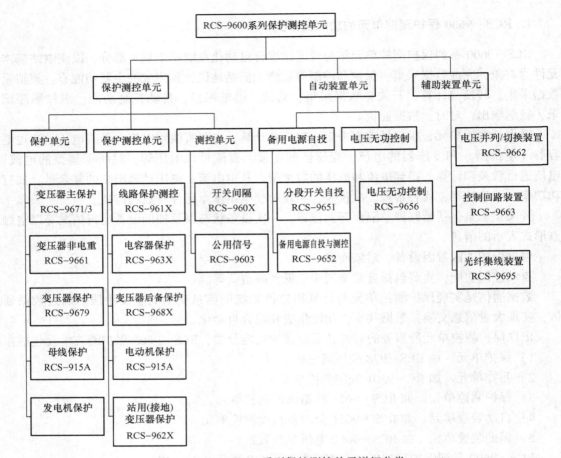

图 1-9　RCS－9600 系列保护测控单元详细分类

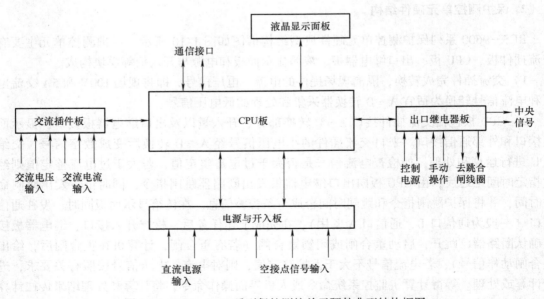

图 1-10　RCS－9600 系列保护测控单元硬件典型结构框图

3）对于线路、电容器、站用变压器/接地变压器等保护测控单元，出口继电器板等同于常规二次回路中的操作箱，不仅提供出口分合、防跳、手工分合断路器控制，而且还通过 TWJ（跳位继电器）和 HWJ（合位继电器）触点信号，向监控系统提供断路器位置信号。

4）显示面板插件向运行维护人员提供一个友善的人机界面。替代常规的二次仪表，实时显示变电站基本元件的电气运行参数，如母线电压、线路电流、断路器位置、状态等。运行人员也可通过显示面板插件，检查和修改保护定值，观察装置状态等。

RCS－9600 系列保护测控单元高度模块化。不同的保护测控单元仅需更换不同的硬软件模块即可。若更换图 1-10 中交流插件并配置相应的软件模块，则图 1-10 所示的保护测控单元便转换为变压器的差动保护 RCS－9671。RCS－9671 硬件结构框图如图 1-11 所示。

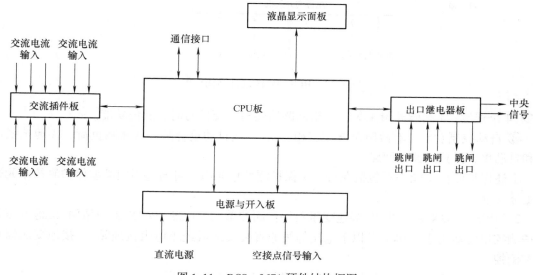

图 1-11　RCS－9671 硬件结构框图

若将图 1-10 交流插件更换为直流插件，同时更换电源与开入板插件，增加开入信号，更换出口继电器板，则图 1-10 所示保护测控单元便转换为如图 1-12 所示的公用信号测控单元 RCS－9603 的硬件结构。

3. RCS－9600 系列保护测控单元功能

1）RCS－961X 系列线路保护测控单元。RCS－961X 系列线路保护测控单元适用于110kV 及以下电压等级非直接接地或经小电阻接地系统中馈线保护和测控。该系列中"A"型也可用于 110kV 直接接地系统作为线路电流、电压保护和测控。这个系列共有 7 种类型：即（RCS－9611、RCS－9611A、RCS－9612、RCS－9612A）馈线保护测控装置、RCS－9613线路光纤纵差保护装置、RCS－9615 线路距离保护装置、RCS－9617 横差保护装置。

① 保护功能：二段/三段定时限过电流保护、反时限过电流保护、零序过电流保护、过电流保护可经低电压闭锁或方向闭锁、合闸加速保护、短线路光纤纵差动保护、过负荷保护、三段式相间距离、横联差动电流方向保护等。

② 测控功能：最多 9 路自定义遥信开入采集；通过交流采样提供电压、电流、功率等

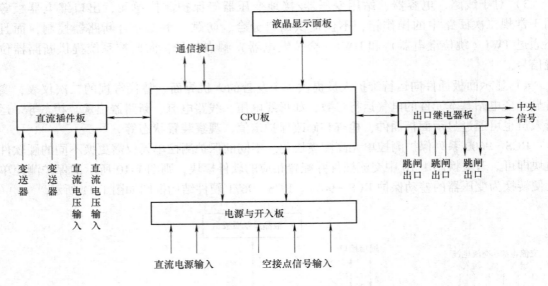

图 1-12　RCS－9603 硬件结构框图

最多 14 个遥测；4 路脉冲量采集；一组断路器遥控；硬件对时；通信功能。

③ 自动控制功能：有故障录波、三相一次/二次自动重合闸、低频减负荷、接地选线试跳和自动重合及独立操作回路。

上述保护测控功能并不包括在每一个保护测控单元中，可通过不同类型保护测控单元选配上述功能。

2）RCS－962X 系列站用/接地变压器保护测控单元。RCS－962X 系列站用/接地变压器保护测控单元适用于 110kV 及以下电压等级非直接接地或经小电阻接地站用/接地变压器保护和测控。

RCS－962X 系列站用/接地变压器保护测控功能如表 1-1 所示。

表 1-1　RCS－962X 系列站用/接地变压器保护测控功能

名　称	保 护 功 能	测 控 功 能
RCS－9621	二段定时限过电流保护 三段零序定时限过电流保护 非电量保护	触点信号采集 交流采样
RCS－9621A	三段复合电压闭锁过电流保护 高压侧正序反时限保护 二段定时限负序过电流保护 高压侧接地保护 低压侧接地保护 低电压保护 非电量保护 过负荷保护	脉冲信号采集 断路器遥控 故障录波 独立操作回路 通信功能 硬件对时

3）RCS－963X 系列电容器保护测控单元。RCS－963X 系列电容器保护测控单元适用于110kV 及以下电压等级非直接接地或经小电阻接地系统中并联电容器保护和测控。根据电容器组接线单丫、双丫、△或桥型接线及保护测控功能不同，形成 5 种不同类型电容器保护测控单元。RCS－963X 系列电容器保护测控功能如图 1-13 所示。

二段定时限过电流	三段定时限/反时限过电流			三段定时限/反时限过电流
	过电压			过电压
过电压	低电压	三段定时限过电流	二段定时限过电流	低电压
低电压	不平衡电压	过电压	过电压	差电压
不平衡电压	不平衡电流	低电压	低电压	自动投切
不平衡电流	非电量保护	桥差电流	差电流	非电量保护
操作回路、故障录波、零序过电流、开关量采集、交流采样、脉冲量采集、遥控、通信				

图 1-13　RCS－963X 系列电容器保护测控功能

RCS－9631、RCS－9631A 电容器保护测控单元适用于电容器组单丫、双丫、△接线；RCS－9631A 在 RCS－9631 基础上增加了非电量保护，由二段过电流保护改为三段过电流保护，并添加了反时限过电流保护。

RCS－9632、RCS－9633、RCS－9633A 适用于桥型接线电容器组。RCS－9632 与 RCS－9633保护测控单元差别在：一个有桥差电流保护，另一个有差电压保护。RCS－9633A 电容器保护测控单元在 RCS－9633 的基础上改二段定时限过电流为三段定时限过电流，增加了反时限过电流、非电量保护，添加了自动投切功能。

4）RCS－965X 系列备用电源自投保护测控装置。RCS－965X 系列备用电源自投保护测控装置适用于110kV 及以下电压等级降压变电站。当一条电源故障或其他原因失电后，备用电源自投装置自动启动，将备用电源投入，迅速恢复供电。RCS－965X 系列备用电源自投保护测控装置提供进线备自投和分段备自投两类功能，并结合分段断路器监控的需要，融合了分段断路器保护测控功能。

RCS－965X 系列备用电源自投保护测控装置适用于图 1-14 和图 1-15 两种接线方式，假定两台主变压器分列运行或一台运行一台备用。

① 若正常运行时，一台主变压器带两段母线并列运行，另一台主变压器为明备用，采用进线（变压器）备自投；若正常运行时，两段母线分列运行，每台主变压器各带一段母线，两段母线互为暗备用，采用分段备自投。

② 若正常运行时，一条进线带两段母线并列运行，采用进线备自投；若正常运行时，每条进线各带一段母线，两条进线互为暗备用，采用分段备自投。

表 1-2 列出了 RCS－965X 系列备用电源自投保护测控装置功能。

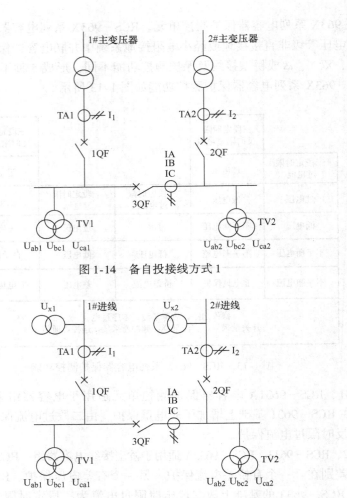

图 1-14　备自投接线方式 1

图 1-15　备自投接线方式 2

表 1-2　RCS－965X 系列备用电源自投保护测控装置功能

装 置 类 型	RCS－9651	RCS－9652
分段备自投	4 种方式	2 种方式
进线备自投	无	2 种方式
分段断路器保护	过电流、零序、重合闸、充电保护	无
操作回路	1 个	无
遥测	IA、IB、IC、P、Q、cosφ	IA、IB、IC、P、Q、cosφ
遥信	5 路	6 路
遥控	1 组（分段断路器）	3 组

　　5）RCS－96XX 系列变压器保护测控装置。RC－96XX 系列变压器保护测控单元完成变压器保护和测控任务。根据变压器各种保护由一台还是多台装置完成，分成两大类型。一类如 RCS－9679 集成变压器保护单元，这类单元包含变压器差动、高低压侧后备、非电量保护及三相操作回路等功能。一个单元便可完成变压器成套保护任务。但对变压器进行测量、

监视和分接头调节控制，需配置相应测控单元完成。另一类如 RCS－9671/3、RCS－9681/2、RCS－9661 保护测控单元，这类变压器保护单元，每一个保护单元仅完成一部分变压器保护任务。如 RCS－9671 完成变压器差动保护任务，而 RCS－9661 则仅完成变压器非电量保护任务。整个变压器所要求的全套保护任务通过将这类多个保护单元组合起来完成。由于变压器后备保护测控单元 RCS－968/2 除后备保护功能外，还具备测控功能。因而，若采用这类保护测控单元，仅需增加一公用信号测控单元 RCS－9603，采集变压器油温和档位信号，即可完成变压器全部护和测控任务。

1.2.4　技能训练：RCS－9600 系列保护测控装置的使用

1. 训练目的

1）通过以 RCS－9611 进行相关操作，掌握 RCS－9611 保护测控装置面板的状态显示。
2）学会保护定值整定，各类测试值的显示以及打印报告。

2. 训练内容

1）熟悉面板布置及功能。RCS－9611 保护测控单元面板由液晶显示屏、二极管指示灯、复归按钮和键盘 4 部分组成。RCS－9611 保护测控单元面板如图 1-16 所示。

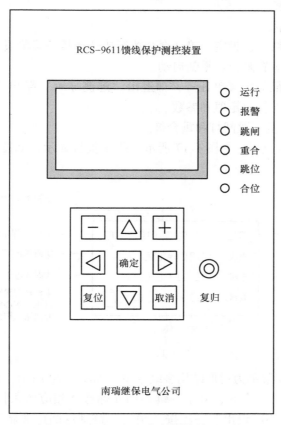

图 1-16　RCS－9611 保护测控单元面板

① 液晶显示屏：采用8×4汉字显示液晶（液晶的背景光在无键盘操作一段时间后将自动关掉的，当按动任意键或当跳闸或自检报警后背景光会自动点亮）。显示保护定值、采样直、保护动作信息以及替代常规仪表和信号盘；显示各种测量值以及开关量、设备状态等。显示控制菜单与键盘配合，实现人机交互，如修改定值、口令、设置装置工作参数、观察输入信号等。

② 二极管指示灯：指示设备工作状态、断路器位置、保护动作及装置异常。

"运行"灯：指示装置的运行状态，装置正常运行时点亮，闭锁时熄灭。

"报警"灯：指示装置的运行状态，当装置报警时点亮。

"跳闸"灯：当保护跳闸时此灯点亮。

"重合"灯：当保护重合时此灯点亮。

"跳位"灯：当TWJ闭合时此灯点亮。

"合位"灯：当HWJ闭合时此灯点亮。

③ 操作键盘：用于输入命令、修改保护定值或强制装置复位，共有9个按键。

< + >和< – >键：用于输入数字。按一次< + >键，数字加1；按一次< – >键，数字减1。

< ↑ >键：进入命令菜单、上移光标。

< ↓ >键：下移光标。

< ← >键：左移光标。

< → >键：右移光标。

<确认>键：确认修改、设定；确认命令执行或选择某一菜单项。

<复位>键：强制装置复位，重新启动。

<取消>键：退出最低层菜单任务，如退出"遥测显示"菜单任务，返回上一级菜单项；取消已做的操作，如修改定值和参数。

④ 复归按钮：用于复归跳闸灯和重合灯。

2）液晶显示。正常显示，如图1-17所示。跳闸报告显示，如图1-18所示。自检报告显示，如图1-19所示。

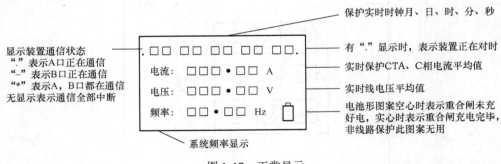

图1-17 正常显示

3）命令菜单。命令菜单为树形结构多级菜单，如图1-20所示，按键盘< ↑ >键可以进入保护装置的主菜单，用< ↑ >、< ↓ >键移动光标选择相应的条目，按"确定"键可进入下一级画面，如选择"0. 退出"一项按"确定"键则返回正常显示画面。如下一级画面

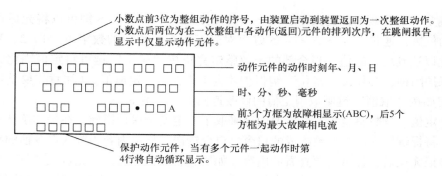

图 1-18 跳闸报告显示

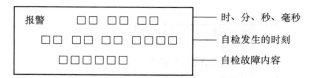

图 1-19 自检报告显示

仍为菜单选择,可继续按 < ↑ >、< ↓ >键选择相应的条目按"确定"键进入再下一级画面,选择"0. 退出"返回上一级菜单,如无菜单选择画面必须按"取消"键返回上一级菜单。

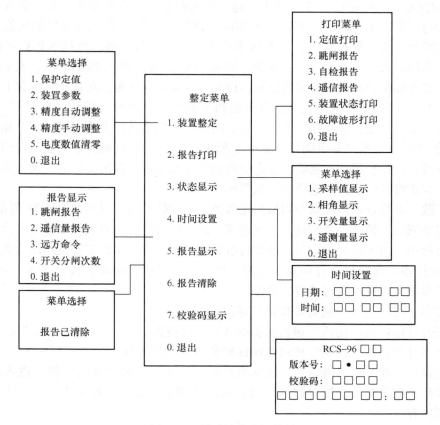

图 1-20 树形结构多级菜单

按"确定"键出现右面的菜单，用<↑><↓><←><→>键可以将光标移动到所需要整定的位置，通过<+>、<->键可对光标所在位置上的数字由"1、2、3、……、9、0"变化以达到所需的值。当全部的定值整定完毕按"确定"键可将定值固化，同时运行灯熄灭保护闭锁，必须按"复位"键保护才会工作在新的定值下。（注意先要整定定值区号）整定完如按"取消"键则取消定值的修改返回上一级菜单。

对保护定值、参数整定等一些重要内容采取了一定安全保护措施，在操作确认要显示这些内容后，将提醒输入由 3 位数构成的口令。口令错误，显示内容为输入口令前的菜单项内容。口令验证无误后，显示所要查看的内容。如要查看保护定值，首先进入定值菜单，在选中并确认保护定值菜单项后，将提醒输入口令。口令经验证无误后，保护定值如图 1-21 所示。

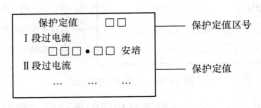

图 1-21　保护定值

① 装置整定。保护定值：按"确认"键，出现图 1-21 保护定值画面后，首先检查定值区号，是否与所修改定值的区号相同。若不同，请按"取消"键，退出保护定值画面，选择进入参数画面，修改保护定值区号为所需修改定值的区号，而后再进入保护定值整定画面。若区号相同，按<↑>、<↓>键，移动光标至所需整定的定值处，再按<←>、<→>键，将光标移动到所需整定的位置，按<+>或<->键，光标所在位置上的数字将按"1、2、3、…、9、0"顺序变化，直至达到所需的数字出现。移动光标至下一个位置，再按<+>或<->键，修改光标所在位置上的数字，反复进行上述工作直至全部的定值整定完毕，按"确认"键将定值固化。此时，面板上"运行"灯熄灭，保护处于闭锁状态。按<复位>键，保护启用新的定值。整定中间或整定结束后，若按<取消>键，则所修改定值被丢弃，保护修改前定值并返回上一级菜单。

装置参数：参数整定修改操作同保护定值整定。参数界面的说明如图 1-22 所示。

精度自动调整、精度手动调整、电度清零：此三项功能为装置调较采样精度及复位脉冲电度记数时所用，由于装置出厂时已经进行过调整，所以建议用户不要使用此功能。

② 报告打印。选择报告打印菜单项后，进入报告打印子菜单，按<↑>、<↓>键，选择相应菜单项，以进行所有希望的操作。

定值打印：按"确认"键打印保护整定值。

跳闸报告打印：按"确认"键打保护的故障跳闸报告。

装置状态打印：按"确定"键可打印保护装置的当前状态。

③状态显示。在主菜单画面上，选择状态显示菜单项，按"确认"键，进入状态显示子菜单，选择相应菜单项，按"确认"键，显示所要查看画面。按<↑>、<↓>键，阅读显示全部内容。

◇ 采样值显示：画面显示保护采样值。采样值显示如图 1-23 所示。

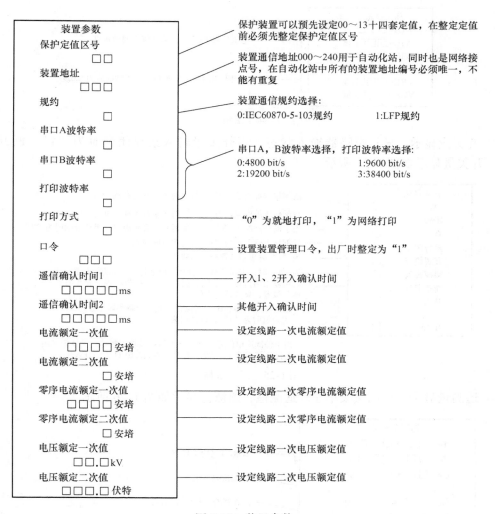

图 1-22　装置参数

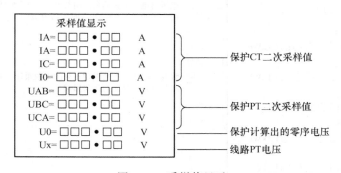

图 1-23　采样值显示

◇ 相角显示（部分型号无此菜单）：用来检查外部电缆极性的，做实验和正常运行时检查外部电流和电压相量关系，相角显示如图 1-24 所示。

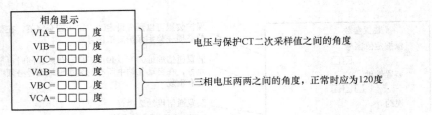

图1-24　相角显示

◇ 开关量显示：显示断路器输入状态。当开关量输入接点闭合时为"1"，断开时为"0"，开关量显示如图1-25所示。

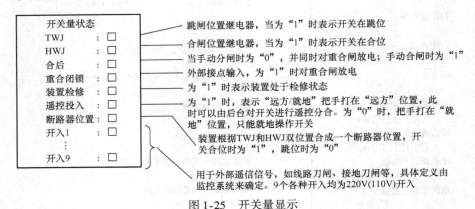

图1-25　开关量显示

◇ 遥测量显示：遥测量菜单显示遥测值，遥测量显示如图1-26所示。

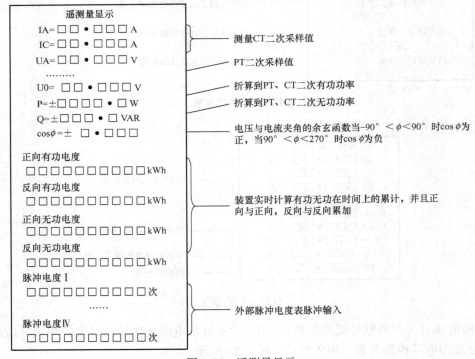

图1-26　遥测量显示

④ 时间设置。显示装置内当前时间，修改装置内时间。在主菜单上，选择时间设置菜单项，按"确认"键，时间设置如图 1-27 画面。

通过方向键移动光标到所需更改的位置上用" + "" – "键改到所要的值。如为自动化站中的设备，监控系统将在几分钟内对保护装置对一次时。

图 1-27　时间设置

⑤ 报告显示。在主菜单画面上，选择报告显示菜单项，按"确认"键，进入报告显示子菜单，选择相应菜单项，按"确认"键，显示所要查看画面，按 < ↑ >、< ↓ > 键，阅读显示全部内容。

◇ 跳闸报告：画面显示当前最近一次的跳闸报告（一般为整组返回），可以通过 < ↑ > 键查找前面的报告。共可以储存 64 次报告（一个整组中的一个元件动作为一次），当存满新的报告将最早一次报告覆盖。跳闸报告显示如图 1-28 所示。

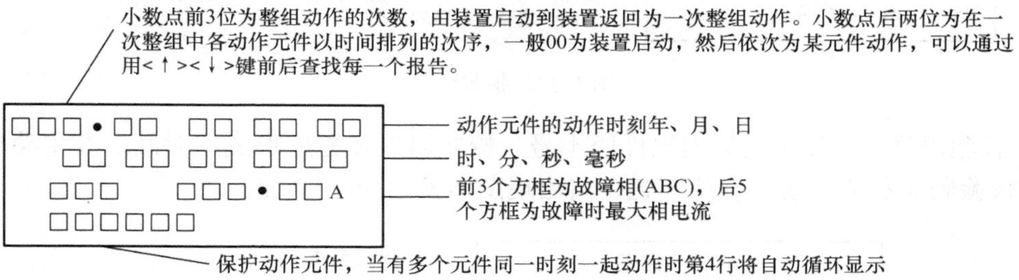

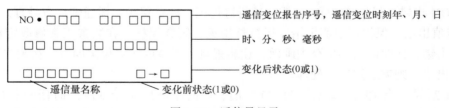

图 1-28　跳闸报告显示

◇ 遥信量显示：画面显示最近一次的遥信变位报告。其中保护动作信号也作为一个遥信记录，"0→1"表示元件动作，"1→0"表示元件返回。装置共可以储存 256 次报告，可以通过用 < ↑ > 键查找前面的报告，当存满后，新的报告自动将最后一次报告覆盖。遥信分辨率为 2ms。遥信量显示如图 1-29 所示。

图 1-29　遥信量显示

◇ 远方命令：画面显示最近一次的遥控变位报告。一次断路器遥控分（合）闸显示为"遥控选择""遥控确认"两个报告。可以通过用 < ↑ > 键查找前面的报告。远方命令显示如图 1-30 所示。

◇ 开关分闸次数：显示记录断路器事故分闸次数，开关分闸次数如图 1-31 所示。

⑥ 报告清除。清除储存在内存中的各种报告。在主菜单画面上选择报告清除项，按"确认"键，将出现图 1-32 所示的画面。

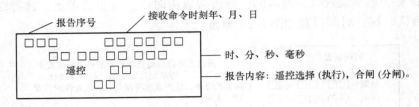

图 1-30 远方命令显示

图 1-31 开关分闸次数

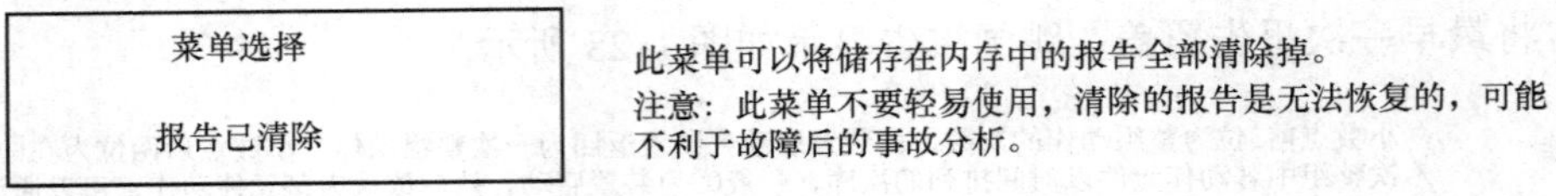

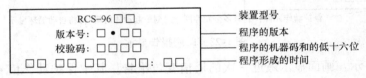

图 1-32 报告清除

⑦ 校验码显示。显示装置内软件版本号、校验码以及程序形成的时间。在主菜单画面上选择校验码显示项，按"确认"键，将出现图 1-33 所示的画面。

图 1-33 校验码显示

4）保护报告说明。

① RAM 出错：保护板 RAM 出错，运行灯熄灭，闭锁保护，需通知厂方处理。

② ROM 出错：保护板 ROM 出错，运行灯熄灭，闭锁保护，需通知厂方处理。

③ 定值出错：保护板定值出错，运行灯熄灭，闭锁保护。在装置正常修改定值后装置也报定值出错，此时退出菜单至主画面，让装置自动复位或按复位键即可。在装置正常运行时报定值出错，则需通知厂方处理。

④ PT 断线：当 PT 断线投入为"1"时，a 正序电压小于 30V，而任一相电流大于 $0.06I_N$；b 负序电压大于 8V。满足两个条件之一延时 10 秒发报警信号，报警灯亮。

⑤ 频率异常：当系统频率小于 49.5Hz 超过 10s 将发报警信号，报警灯亮。

⑥ TWJ 异常：当 TWJ 为 1，而任一相电流大于 $0.06I_N$ 延 10s 发报警信号，报警灯亮。

⑦ 控制回路断线：当 TWJ 为 0，HWJ 为 0 延时 3s 发报警信号，报警灯亮。

⑧ 弹簧未储能：当弹簧未储能接点输入时发报警信号，报警灯亮同时闭锁重合闸。

⑨ 线路电压异常：重合闸检同期无压投入，线路电压小于 50% 额定电压，TWJ 为 0，任一相电流大于 0.3A 报线路电压异常，发报警信号，报警灯亮，不闭锁保护。

⑩ 事故总信号：当 HWJ（合后位置）为 1 时，发生保护动作或开关误跳将发事故总信号，报警灯亮 3s，同时一副接点动作 3s，同常规变电站中启动事故音响回路。

⑪ 接地报警：当装置不平衡电压大于 30V 时，装置将发接地报警信号，如果通过网络分析小电流接地数据，可以实现小电流接地选线功能。

1.2.5 技能训练：用微机后台监控系统完成运行工况的监视

1. 训练目的

1）掌握综合自动化变电站设备运行工况监视的内容。
2）掌握设备运行工况监视的要求。
3）学会利用微机后台监控系统完成一、二次系统的运行监视。

2. 准备工作

仿真变电站微机后台监控系统。

3. 训练内容

1）熟悉一次主接线监控画面。一次主接线监控画面如图 1-34 所示。

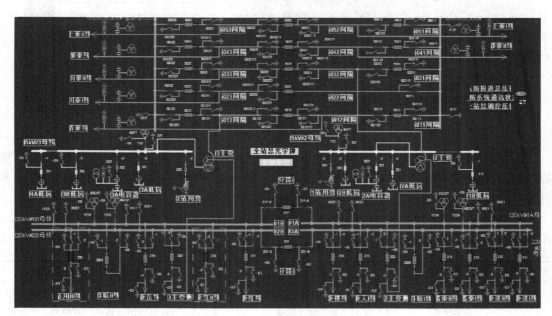

图 1-34 一次主接线监控画面

① 断路器状态的显示。一次接线图中"━□━"表示断路器，红色实心表示断路器在"合闸"位置；红色实心闪烁表示断路器由于某种原因由"分"状态到"合"状态；绿色空心表示断路器在"分闸"位置；绿色空心闪烁表示断路器由于某种原因由"合"状态到"分"状态。灰色空心断路器位置不定（即监控系统无法确定断路器的位置），灰色闪烁表示断路器从分状态或合状态由于某种原因变化到了位置不确定的状态。

② 隔离开关接地开关状态显示。红色且连通 ▬ 表示在"合闸"位置；红色连通闪烁表示隔离开关由于操作由"分"状态到"合"状态；绿色分断 ▨ 表示在"分闸"位置；绿色断开闪烁表示隔离开关由于操作由"合"状态到"分"状态；灰色任意位置表示隔离开关的状态不确定。

③ 在一次接线图中，将鼠标移到线路名称、母线名称、主变压器名称的标注处（名称上画有白色的框），鼠标会在屏幕上变成一只小手，此时单击鼠标左键，将进入相应的分隔间隔监控图，间隔监控图如图1-35所示。

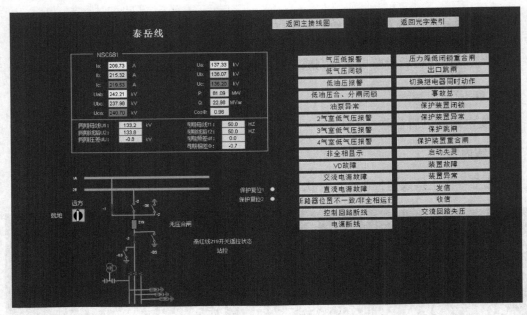

图1-35 间隔监控图

④ 主系统的基本运行参数显示。在电气一次主接线图的界面上可以显示母线电压（黄绿红分别代表 Ua、Ub、Uc 三相）、系统的频率、主变压器负荷、主变压器分接头位置、各线路潮流（包括有功功率、无功功率）等参数的实时数据。

2）根据监控画面列出监控的主要内容及要求，如表1-3所示。

表1-3 运行监视主要项目及异常处理措施表

序号	监视项目	正常运行要求	有人值班变电站异常情况处理措施
1	设备负载	不超过额定输送容量	当接近额定输送容量时，汇报调度，申请控制负荷，并加强现场设备的巡视测温，严防过热情况发生
2	母线电压	符合电压曲线要求	按规定进行调整，当电压不满足要求时，立即汇报调度
3	设备运行温度	不超过现场运行规定温度	当接近规定值时，立即到现场对设备进行检查处理，发现温度异常升高，汇报调度，申请派人处理

序号	监 视 项 目	正常运行要求	有人值班变电站异常情况处理措施
4	预告信号	无异常告警信号	当出现异常告警信息时，应立即检查处理，并按规定进行汇报
5	事故信号	无断路器事故跳闸信号，保护、安全自动装置动作信号	当出现事故信号时，立即将断路器变位信息、监控机保护及自动装置动作信号汇报调度
6	监控系统通信	现场设备与监控系统通信正常	出现通信中断时，按规定进行汇报，并加强设备现场监视

1.3 习题

1. 什么是变电站综合自动化？
2. 变电站综合自动化系统有哪些基本功能？
3. 简述变电站层的组成。
4. RCS－9600 综合自动化系统由哪几部分组成？
5. RCS－9600 后台监控系统具有哪些特点？
6. RCS－9600 系列保护测控单元完成的主要功能有哪些？
7. RCS－9600 综合自动化系统中实时采集的数据包括哪些类型？

第2章 变电站综合自动化信息的测量与采集

2.1 变电站综合自动化采集的信息

1. 信息的分类

变电站综合自动化系统要测量出表征变电运行以及设备工作状态的信息，才能掌握变电站的运行状况。

变电站综合自动化系统要采集的信息包含变电运行方面、电气设备运行方面的信息以及控制系统本身的运行状态信息，这些信息大致可划分为以下两类：一是传送到上级监控（调度）中心，与电网调度控制有关的信息，这些信息在变电站测量采集后，由综合自动化系统向上级监控或调度中心传送，包括常规的远动信息和上级监控或调度中心对变电站实现综合自动化提出的附加监控信息；二是用于当地监控，实现综合自动化变电站站内监控所使用的信息，由测控单元或自动装置测得，用于变电站当地监视和控制。

变电站综合自动化系统测量的大量信息包括模拟量、脉冲量、开关量以及设备的状态等。因变电站电压等级不同以及在电网中所显的作用不同，所需采集的信息也有所不同。

变电站按运行管理方式可划分为有人值班方式和无人值班方式两大类，通常无人值班需要向上级监控或调度中心传送更多的变电运行信息和设备状态信息。考虑到变电站综合自动化系统对变电运行管理方式的兼容性，在变电站综合自动化系统中，还应测量并采集变电运行设备状态和系统自身运行状态等信息。

2. 变电站采集的典型信息

变电站采集的典型模拟量信息有：主变压器电流、功率；线路电流、电压和功率；各段母线电压；并联补偿装置电流；直流电源电压；站用电电压和频率；变压器的上层油温等。

变电站采集的典型开关量信息有：变电站事故总信号；变压器中性点接地隔离开关位置信号；变压器的断路器位置信号；母线保护动作信号；断路器事故跳闸总信号；直流系统接地信号；断路器闭锁信号等。

设备异常和故障预告信息主要有：控制回路断线总信号；操动机构故障总信号；变压器油温过高、绕组温度过高总信号；轻瓦斯动作信号；变压器或变压器调压装置油温过低总信号；继电保护系统故障总信号；保护闭锁信号；站内 UPS 交流电源消失信号；通信线路故障信号等。

变电站综合自动化系统采集的数字量信息主要指变电站内由计算机构成的保护或自动装置的信息，主要有：各种保护信号如保护装置发送的测量值及定值、故障动作信息、自诊断信息、跳闸报告等；用于远方对系统电能计量的电能脉冲信号；GPS 全球定位系统等。

3. 变电站内自动化信息体系结构

构成变电站自动化的基础是"数据采集和控制""微机型继电保护与自动装置""直流电源系统"这3大块。"通信控制管理"连接系统各部分，负责数据和命令的传递，并对这一过程进行协调、管理和控制。变电站内各部分之间、变电站与调度控制中心，通过"通信控制管理"相互交换数据。"变电站主计算机系统"协调、管理和控制整个自动化系统，并向运行人员提供变电站运行的各种数据，使运行人员可以远方控制开关的分、合，还能够使运行和维护人员对自动化系统进行监控和干预。变电站自动化信息的体系结构如图 2-1 所示。

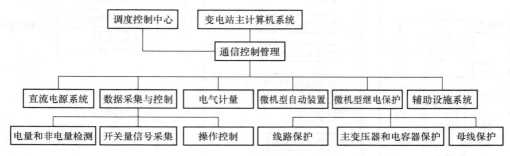

图 2-1　变电站自动化信息的体系结构

4. 自动化信息传输的特点

1）距离远。随着电力工业的迅速发展，现代电网日趋庞大，某个调度中心与它所控制的厂站之间的距离一般有几十千米，甚至几百千米。

2）实时性强。由于电力系统运行的变化过程非常迅速，所以要求变电站综合自动化系统满足对电力系统运行信息的实时性要求。这种通信的实时性要求一般用允许传送时间来表示，它指从发送端发出信息至接收端正确接收到该事件信息的这一段时间。我国地区电网数据采集与监视系统中，最大允许时延指标要求如下：变位信息、厂站端工作状态变化信息必须在 1s 内送到调度中心，厂站端遥测信息按照重要程度分别在 3~20s 内在调度中心实现更新，电能等存储信息允许几分钟或几十分钟传送一次。

3）可靠性高。在变电站综合自动化系统与调度中心之间传送的遥测和遥信信息，是在安全分析和经济分析的基础上，对运行系统进行经济调度和自动控制的控制命令。遥测和遥信信息是实现电网运行监视的基础信息，也是安全分析的依据，信息传送必须可靠。

2.2　变电站信息的测量与采集

实时地获取系统运行的各种参数及状态，依赖于电力系统测控装置对各种数据的采集和处理。测控装置是变电站综合自动化的基础，它负责采集各种数据和输出控制的全过程。

2.2.1　间隔层 IED 装置的硬件构成

IEC61850 标准对智能电子设备（Intelligent Electronic Device，IED）定义如下：由一个

或多个处理器组成，具有从外部源接收和传送数据或控制外部源的任何设备，即电子多功能仪表、微机保护、控制器，在特定的环境下在接口所限定范围内能够执行一个或多个逻辑接点任务的实体。

间隔层 IED 装置硬件主要包括数据采集系统、微机主系统、开关量输入/输出系统以及人机交互系统。从功能上可分为 6 个组成部分：数据采集系统、微机主系统、开关量输入/输出系统、人机交互系统、通信接口、电源。图 2-2 为 IED 硬件结构示意框图。

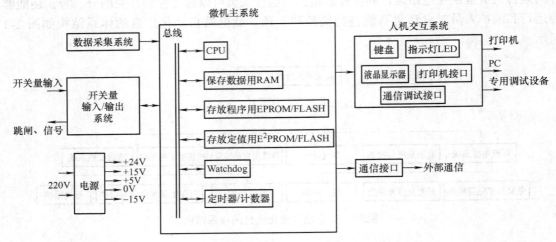

图 2-2　IED 硬件结构示意图

1）数据采集系统（或模拟量输入系统）。数据采集系统包括电压形成、模拟滤波（ALF）、采样保持（S/H）、多路转换（MPX）以及模-数转换（A-D）等功能块，将模拟输入量准确地转换为微机所需的数字量。

2）微机主系统（CPU）。微机主系统包括中央处理器（CPU）、只读存储器（ROM）或闪存内存单元（FLASH）、随机存取存储器（RAM）、定时器、并行接口以及串行接口等。微机执行存放在只读存储器中的程序，将数据采集系统输入至 RAM 区的原始数据进行分析处理，完成各种数据处理的功能。

3）开关量（或数字量）输入/输出系统。开关量输入/输出系统由微机若干个并行接口、光耦合器及有触点的中间继电器等组成，主要用于各种保护的出口跳闸、信号报警、外部触点输入及人机对话、通信等功能。

4）人机交互系统。人机交互系统包括显示器、键盘、通信调试接口、实时时钟和打印机接口等，其主要用于人机对话，如调试、定值调整及对机器工作状态的干预等。

5）通信接口。IED 装置的通信接口包括维护接口、监控系统接口、录波系统接口等。一般可采用 RS-485 总线、PROFIBUS 网、CAN 网、LON 网、以太网及双网光纤通信模式，以满足各种变电站对通信的要求，满足各种通信规约，如 IEC 61870-5-103、PROFIBUS-FMS/DP、MODBUSRTU、DNP3.0、IEC 61850 以太网等。

IED 装置对通信的要求是快速，支持点对点平等通信、突发方式的信息传输，物理结构采用星形、环形、总线型，支持多主机等。

6）电源。可以采用开关稳压电源或 DC/DC 电源模块，提供 5、24、±15V 电源。也有的系统采用多组 24V 电源。+5V 电源用于计算机系统主控电源；±15V 电源用于数据采集系统、通信系统；+24V 电源用于开关量输入、输出电源。

2.2.2 变电站模拟量的测量与采集

数据采集系统（也称为模拟量输入接口）：将输入保护装置的连续的模拟信号转换为可以被微机保护装置识别处理的离散的数字信号，模拟量输入接口主要包括：电压变换、前置模拟低通滤波器（ALF）、采样保持（S/H）电路、模-数变换（A-D）电路等。图 2-3 为采用 A-D 变换器的数据采集系统原理框图。

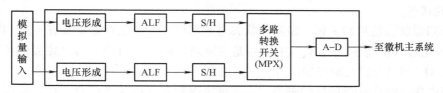

图 2-3　采用 A-D 变换器的数据采集系统原理框图

1）电压形成回路。它作用是将从 TA、TV 来的高电压、大电流变换成 IED 装置内部电子电路所需要和允许的小的电压信号；同时起到电气隔离和屏蔽的作用，从 TV、TA 来的电气量经过很长电缆接到 IED 装置，也引入了大量的共模干扰。交流变换器一方面提供一个电气隔离，另一方面在一、二次线圈中加了一个接地的屏蔽层，使共模干扰经一次线圈和屏蔽层之间的分布电容而接地，可以有效地抑制共模干扰。

2）采样定理和模拟低通滤波器。输入信号中包含了各种频率成分，其中最高的频率为 f_{max}，若要在采样后将其完全不失真地恢复出来，采样频率必须不小于 $2f_{max}$，即 $f_n \geqslant 2f_{max}$，这就是采样定理。如果不能满足采样定理的要求，那么在频谱中会发生"频率混叠"现象。

系统故障瞬间，电压、电流中会含有很高的频率成分，为了滤除高次谐波，在采样回路之前设置一个模拟低通滤波器使输入量限制在一定的频带内，一方面可以降低最高频率，使采样频率不至于过高，降低对硬件采样速度的要求，另一方面在相对较低的采样频率下不会产生频率混叠现象。

3）采样保持电路（S/H）。采样保持电路用于将采样时刻得到的输入模拟量的该时刻的幅值完整地记录下来，并且根据要求准确的保持一段时间供 A-D 转换用。在 A-D 转换期间，采样保持回路中的输出不应变化。

4）MPX 模拟量的多路转换开关。MPX 是一种多路输入、单路输出的电子切换开关。通过编码控制，电子开关分时逐路接通。将由 S/H 送来的多路模拟量分时接到 A-D 的输入端，完成用一个 A-D 对若干个模拟量进行模-数转换工作。

5）模-数转换器（A-D）。A-D 转换是将模拟信号转换为数字信号。将由多路转换开关送来的由各路 S/H 采样保持器采样的模拟信号的瞬时值转换成相应的数字值。由于模拟信号的瞬时值是离散的，所以相应的数字值也是离散的。这些离散的数字量由微机主系统中的 CPU 读取并存放在循环存储器中供计算时使用。A-D 转换电路分成直接法和间接法两大类。直接法是通过基准电压与取样保持电压进行比较，从而直接转换成数字量。其特点是工作速度高，转换精度容易保证，调准也比较方便，如逐次逼近式户 A-D 转换器。间接法是将取样后的模拟信号先转换成时间 t 或频率 f，然后再将 t 或 f 转换成数字量。其特点是工作速度较低，但转换精度可以做得较高，且抗干扰性强，如压频变换式 A - D 转换器（VFC）。

2.2.3 变电站状态量的采集

1. 遥信信息及其来源

遥信信息用来传送断路器、隔离开关的位置状态，传送继电保护、自动装置的动作状态以及系统、设备等运行状态信号，它们都只取两种状态值，用一位二进制数就可以传送一个遥信对象的状态。

1）断路器状态信息的采集。断路器状态是电网调度自动化的重要遥信信息。断路器 QF 的位置信号通过其辅助触点引出，QF 触点是在断路器的操动机构中与断路器的传动轴联动的，所以，QF 触点位置与断路器位置一一对应。

2）继电保护动作状态信息的采集。采集继电保护动作的状态信息，也就是采集继电器的触点状态信息并且记录动作时间。

3）事故总信号的采集。断路器发生事故跳闸，就将启动事故总信号。事故总信号用以区别正常操作与事故跳闸，对调度员监视系统运行十分重要。事故总信号的采集同样是触点位置信息的采集。

4）其他信号的采集。当变电站采用无人值班方式运行后，还应该增加包括大门开关状态等多种遥信信息。

2. 遥信采集电路

断路器位置状态、继电保护动作信号以及事故总信号，最终都可以转化为辅助触点或信号继电器触点的位置信号，只要将触点位置信号采集进来，就完成了遥信信息的采集。图 2-4 是遥信信息采集的输入电路。

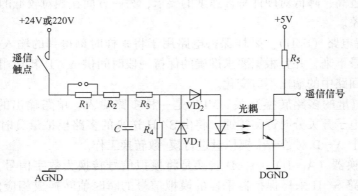

图 2-4　遥信信息采集的输入电路

为了防止干扰，在二次回路的触点信息输入时要采取隔离措施，目前常用光耦合器实现内外的电气隔离。在图中，设断路器处于合闸状态，其辅助触点闭合，+ 24V 经过 RC 网络后输入到光耦合器，光耦合器中发光二极管发光，光敏晶体管饱和导通，遥信输出端输出低电平"0";反之断路器处于分闸状态时,二极管无电不发光,光敏晶体管截止,遥信输出端输出高电平"1",从而完成了遥信信息的采集。

3. 遥信输入的形式

1)采用定时扫查方式的遥信输入。在变电站综合自动化系统中,采用定时扫查的方式读入遥信状态信息,128 个遥信定时扫查输入电路如图 2-5 所示,它由 3 个部分组成:①遥信信息采集输入电路;②多路选择开关:③并行接口 8255A。

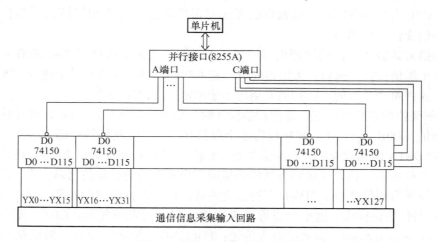

图 2-5 遥信定时扫查输入电路

多路选择开关采用的 74150 是 16 选 1 数据选择器,实现多路输入切换输出功能,当 4 位地址输入后,与地址相对应的输入数据反相后由输出端 D0 输出。74150 的输入/输出关系见表 2-1。

表 2-1 74150 输入/输出关系

D0 =	D0	D1	D2	D3	D4	D5	D6	D7	D8	D9	D10	D11	D12	D13	D14	D15
A	0	0	0	1	0	1	0	1	0	1	0	1	0	1	0	1
B	0	1	1	1	0	0	1	1	0	0	1	1	0	0	1	1
C	0	0	0	0	1	1	1	1	0	0	0	0	1	1	1	1
D	0	0	0	0	0	0	0	0	1	1	1	1	1	1	1	1

图 2-5 中显示采集 128 个遥信状态,而每个 74150 只能输入 16 个遥信,所以共使用 8 个 74150 输入 128 个遥信。

8255A 用作遥信输入电路与 CPU 的接口。设置 8255A 工作在方式 0 - 基本输入/输出方式,端口 A 为输入方式,端口 B 和端口 C 均为输出方式。

端口 C 的低 4 位 PC0 ~ PC3 与每个 74150 的地址输入端 A、B、C、D 相连,用 PC0 ~ PC3 向 74150 输出选择地址。端口 A 的 PA0 ~ PA7 分别与 0 号 ~ 7 号的 74150 输出端相连,用 PA0 ~ PA7 输入遥信信息,通过数据总线输入 CPU。

在扫查开始时,PC0 ~ PC3 输出 000B,8 个 74150 分别将各自的 D1 送入 8255A 的 A 口,

CPU 可读取 8 个遥信信息，选择地址加 1，又可输入 8 个遥信信息。当 PC0 ~ PC3 从 0000B 变化到 1111B 时，128 个遥信全部输入一遍，即实现对遥信码的一次扫查。

遥信定时扫查工作在实时时钟中断服务程序中进行，每 5ms 执行一次。每当发现有遥信变位，就更新遥信数据区，按规定插入传送遥信信息。同时，记录遥信变位时间，以便完成事件顺序记录信息的发送。

2）循环扫描输入遥信。按定时扫描输入遥信，只要定时间隔合适，完全能满足分辨率要求。但是，目前投运的综合自动化系统，绝大多数是由智能子模块完成遥信状态的采集和处理工作，CPU 有更多的时间，以循环的方式对遥信状态进行更短周期的采集，这有利于提高站内遥信变位的分辨率。

循环扫描方式输入遥信的原理仍可用图 2-5 说明。当地址选择开关从 0000 ~ 1111 变化一周将 128 个遥信扫描一遍后，无需再间隔一定的时间，而是立即重复上述对 128 个遥信的输入过程。这样每个遥信的实际扫描周期将小于原定时的时间间隔。

3）遥信变位的鉴别和处理。遥信扫描输入时，CPU 通过 8255A 的 C 口顺序输出多路数字开关的地址 0000B ~ 1111 B，顺序地将 8 个遥信状态（8 位现状码）读入，并与存放遥信的数据区 YXDATA 内相对应的 8 个遥信状态（8 位原状码）相比较（异或）运行，得到一字节遥信变位信息码。如果现状码与原状码相同，异或得到的变位信息码为零，若变位信息码不为零，说明有遥信变位。当确认有遥信变位后，必须进行相关的处理，其中包括：

① 建立遥信变位标志。这个标志可用来增添：当地的告警显示；CDT（循环远动规约 Cycle Distance Transmission）方式的输入传送；POLLING（轮询）方式下激活第一类信息标志；遥信信息刷新程序。

② 建立变位遥信字队列。必须建立一个队列先行登记，因为一个遥信变位可能引起几个遥信的变位，而这些遥信变位都应该按顺序向上级传送。

③ SOE 登记事件顺序。SOE 表达变电站发生事件时相关的信息。有 3 个要素：事件性质；开关序号；事件发生时间。在变电站综合自动化系统中，应设置记录事件的数据区。在该数据区中为每个遥信设置 8B，其中包括变位性质与对象编号 2B，日、时、分、秒各 1B，ms2B。SOE 单元的时标信息，应可通过确认变位后读时钟取得，开关对象号可由数据读入时确定，分/合状态取当前状态。

4）遥信采集中的误遥信及其克服。误遥信可分为两类：第一类是一个真实的遥信变位后紧接着几个假遥信读数，最终遥信稳定到真实变位后的状态；第二类是某些遥信不定时地出现"抖动"。

第一类遥信误报过程如图 2-6 所示。当遥信信号变位时，由于继电器不能一次性地闭合，其抖动信号经光耦合器后成为连续几个遥信信号。

对于第一类误遥信，可采取"延时重测"的方法加以克服。即当发现某遥信变位时，首先将它记录下来，然后找到它的时限值并进行计时，经时限值到延时，再次判别该遥信位状态，如果变位真实，则保留记录，否则忽略记录。这种方法应首先确定每个遥信所对应的时限值，CPU 开销较大，所以尽管第二类误遥信也能通过"延时重测"加以克服，但通常还是先在硬件上采取有效措施，只有很大的尖脉冲才由"延时重测"加以克服。

第二类遥信误报进程如图 2-7 所示。每个遥信回路中均存在电磁干扰，其尖峰干扰脉冲可能成为误遥信。为克服第二类干扰，可在原遥信输入回路基础上，提高电源电压，例如用变电站操作电源 220V 代替 24V 电源，同时加入适当的电阻限流。采取上述措施，尖脉冲幅值一般达不到 180V。可有效克服干扰严重的误遥信。

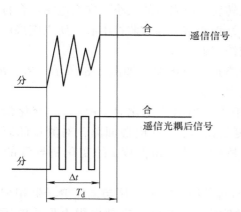 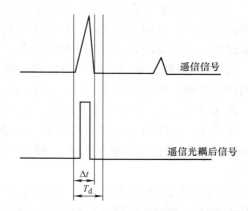

图 2-6　遥信继电器闭合时触点抖动的遥信信号　　　图 2-7　电磁干扰获振动造成的假遥信信号

2.2.4　变电站油温

为适应变电站无人值班管理的运行模式要求，需要将变压器油温、变电站控制室温度等信号进行测量并传送到监控中心。

测量温度常用的一次元件有热电偶、热电阻、热敏电阻等，它们都是将被测量温度转化为便于测量的电气信号或器件参数的大小。热电偶测温原理是热电效应，测温范围可达到 $-50 \sim 1600℃$，但通常用来测量 $300℃$ 以上的高温。热电阻利用导体的电阻随温度变化的特性来测量温度，被广泛应用于测量 $-200 \sim 500℃$ 中、低温区的温度。热敏电阻利用半导体的电阻值随温度变化而显著变化的原理来测量温度，它的测温范围在 $-50 \sim 300℃$。

在变电站综合自动化系统中，所要测量的温度不是很高，所以热电阻和热敏电阻均可作为一次测温元件。而热敏电阻互换性差，所以在变电站中，均采用热电阻作为一次元件来测量温度。

1. 热电阻的测试温度特性

1）铂电阻。铂电阻的物理、化学特性比较稳定，在工业生产中常作为测温元件。铂的电阻与温度的关系如下。

在 $0 \sim 630.74℃$ 为：$R_t = R_0(1 + At + Bt^2)$

在 $-190 \sim 0℃$ 为：$R_t = R_0[1 + At + Bt^2 + C(t - 100)t^3]$

式中 R_t——温度为 t 时的电阻值；R_0——温度为 $0℃$ 时的电阻值；t——任意温度值；A、B、C——分度系数，$A = 3.940 \times 10^{-3}/℃$，$B = -5.84 \times 10^{-7}/℃^2$，$C = -4.22 \times 10^{-12}/℃^3$。

由公式可知，要确定电阻值 R_t 与温度之间的定量关系，还必须先确定 R_0 的数值，R_0 不同，R_t 与 t 之间的关系也将变化。

2）铜电阻。铂电阻虽然性能优良、应用较广泛，但价格昂贵，在测量精度不高且温度较低的场合，铜电阻得到广泛的应用。铜电阻的主要缺点是电阻率较低，电阻体的体积较大，热惯性较大。与铂电阻相似，R_t 与 t 的关系依赖于 R_0，R_0 有 50Ω 和 100Ω 两种。

2. 用热电阻测量温度

热电阻作为温度测量的一次元件，将温度高低转变为电阻值的大小。在变电站综合自动化系统中，用热电阻测量的温度信号要远传到变电站控制室或远方监控中心。所以应采用温度变送器，将温度变化引起的电阻值变化，变换成统一电信号。

1）热电阻测温电路。最常用的热电阻测温电路是电桥电路，如图 2-8 所示。R_1、R_2、R_3 是固定电阻，R_4 是不同零电位器，r_1、r_2、r_3 是导线电阻。

R_t 通过 r_1、r_2、r_3 与电桥相连接，r_1、r_2 阻值相等，当温度变化时，r_1、r_2 的变化量相同，由于 r_1、r_2 分别在不同的桥臂上，不会产生测量误差，r_3 在电源回路，对测量的影响很小。当调整至满足电桥平衡时，则能直接由电桥检流计测得温度 t 的变化所导致的 R_t 变化。

2）变压器油温信号的远传。当温度信号要进行远传时，需要采用与温度变送器相配合的测量方式，如图 2-9 所示。温度变送器的恒流源输出恒定电流，在热电阻上形成电压信号，大小与热电阻阻值成正比，测得该电压信号即可获得温度值。在温度变送器内，测量这个电压信号并转变为对应的直流电压输出。温度信号的测量远传，即将温度变送器的输出信号接到系统测控单元部分而实现。

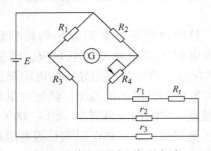

图 2-8　热电阻测温常用电路

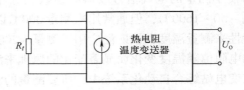

图 2-9　变压器油温的变送原理

2.3　变电站实时时钟的建立

现代电网继电保护系统、AGC 调频、负荷管理和控制、运行报表统计、事件顺序记录等均需要既精确又统一的时间。在变电站综合自动化系统中，为实现精确地控制，正确地分析事件的前因后果，更需要精确统一的时间来辨识断路器的跳闸顺序、继电保护动作顺序，所以，时间的精确性和统一性十分重要。

1. 实时时钟的建立

在变电站综合自动化系统中，重要的状态量变化均需带上时标信息，因此，必须建立实时时钟，并且这个时钟的分辨率应能够达到毫秒级。

电网内实时时钟的核心问题是要求统一，即要求各厂站与调度中心之间的实时时钟相一致。为了实现这个时间的一致性，各厂站测控系统如果能接收同一授时源的时钟，就可以解决一致性问题。在变电站综合自动化系统中，GPS 系统时间精度高，接收方便，应用广泛。

1）GPS 系统时间的接收。GPS 系统由空间卫星、地面测控站和用户设备 3 大部分组成。GPS 系统空间导航卫星部分由 24 颗工作卫星和 3 个备用卫星组成。工作卫星均匀分布在 6 条近似圆形轨道上，轨道距地面平均高度约为 20 200km，每 12h 绕地球运行 1 周，在全球的任何地方、任何时刻能同时收到 4 个以上的卫星信号，一旦某个导航卫星出故障，备用卫星可立即根据地面测控站的命令飞赴指定轨道进入工作状态。在地面测控站的监控下，GPS 传递的时间能与国际标准时（Universal Co-ordinated Time，UTC）保持高度同步，误差仅为 1 ~ 10ns，可直接用来为电力系统的控制、保护、监控、SOE 等服务。

为了获得这个精确的授时信号，已有民用定时型的 GPS 接收器可供选择使用。这种接收器由接收模块和天线构成，其内部硬件电路和处理软件通过对接收到的信号进行解码和处理，从中提取并输出两种时间信号：一是间隔为 1s 的脉冲信号 1PPS，其脉冲前沿与国际标准时间的同步误差不超过 1μs；二是经 RS-232 串行口输出的与 1PPS 脉冲前沿对应的国际标准时间和日期代码（时、分、秒、年、月、日），GPS 时间信息的接收如图 2-10 所示。

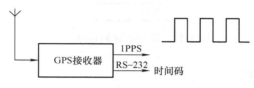

图 2-10　GPS 时间信息的接收

由于 GPS 接收器提供的同步脉冲和串行接口标准不一定满足微机装置在对时上的接口需要，串行口输出的国际标准时间也不同于我国时间显示的习惯，所以必须在 GPS 接收器的基础上，配置信号转换处理和显示部分，以适应我国实际应用的需要，接收 GPS 卫星信号的同步时钟的原理图如图 2-11 所示。

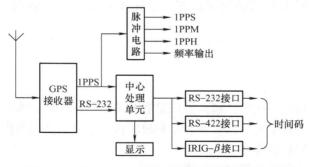

图 2-11　接收 GPS 卫星信号的同步时钟的原理图

实际上，GPS 接收器提供的 1PPS 信号是以秒为计时单位的，精确度为 1ps。由于该信号的接收无需专用通道，不受地理、气候的影响，是电网统一时间的理想源。

2）装置内时钟的建立。GPS 只提供精确到微秒的秒级时间，与电网内要求的毫秒级时间信号尚有差距。因此，电网系统内每一套测控或监控系统本身还需要建立毫秒级实时时钟，GPS 提供的秒为单位的精确时间信号可用来对毫秒级时钟进行对时或修正。

在具有秒级对时（例如 GPS）的系统中，实时时钟分为两个部分：一部分是两字节的毫秒级时钟，由 CPU 中断累加计数；另一部分是图 2-12 所示的高 7B 组成的时钟，由 GPS 对时钟发进位。毫秒级时钟（不允许其进位）只作为其毫秒级的计数，并由秒级对时脉冲清零。由这两部分构成的时钟，秒级部分具有极高（1μs）的精确度，毫秒级部分的精度取决于微机软、硬件的配合，但在 1s 内积累的误差极其有限。因此，由此构成的实时时钟，其精确度和统一性能得到保证，满足了电网、变电站实时监控系统、综合自动化系统的要求。

| 毫秒(低位) |
| 毫秒(高位) |
| 秒 |
| 分 |
| 时 |
| 日 |
| 月 |
| 年 |
| 百年 |

图 2-12　实时时钟的存储结构

2. 实时时钟的统一对时

电力系统中实时时钟的对时包括如下几个方面。第一是变电站综合自动化系统内，变电站内标准时钟的建立可以采用多种方式，其中包括接收 GPS 标准时，但变电站内需要时标的测控装置有多个（集中式或分散式），是用一个实时时钟接收装置得到的实时时钟对每个需要实时时钟的单元进行对时，实现时钟的统一。第二是调度中心（或集控中心）与变电站之间的对时。第三是调度中心之间的对时。从理论上讲，后两种情况实现对时后，能节省被对时方的精确授时装置。上述 3 种上级对下级的对时，能确保真正意义上全网统一对时。

2.4　习题

1. 变电站综合自动化系统中，模拟量信息和开关量信息分别有哪些？
2. 变电站综合自动化系统中，设备异常和故障预告信息包括哪些内容？
3. 变电站遥信信息包括哪些？
4. 变电站遥信信息分别如何进行采集？
5. 遥信采集中的误遥信有哪些？如何进行克服？
6. 变压器油温采用什么方法进行测量？
7. 变电站实时时钟如何实现统一对时？

第3章 变电站自动化系统的自动控制与调节装置

3.1 断路器分/合闸操作

3.1.1 变电站自动化系统中的二次设备的工作方式

变电站自动化系统中的二次设备分为微机型保护、微机型测控、操作箱（目前一般与微机型保护整合为一台装置，以往多为独立装置）、自动装置、远动设备等。

微机型保护采集电流量、电压量及相关状态量数据，按照不同的算法实现对不同电力设备的保护功能，根据计算结果对目前状况做出判断并发出针对断路器的相应操作指令。

微机型测控的主要功能是测量及控制，可以采集电流量、电压量和状态量并能发出针对断路器及其他电动机构的操作指令，取代的是常规变电站中的测量仪表（电流表、电压表、功率表）、就地及远动信号系统和控制回路。

操作箱用于执行各种针对断路器的操作指令，这类指令分为合闸、分闸、闭锁3种，可能来自多个方面，例如本间隔微机型保护、微机型测控、强电手操装置、外部微机型保护、自动装置、本间隔断路器机构等。

变电站内最常见的自动装置是备自投装置和低频减载装置。备自投装置是为了防止全站失压而在变电站失去工作电源后自动接入备用电源；低频减载是为了防止因负荷大于电厂功率造成频率下降而导致的电网崩溃，按照事先设定的顺序自动切除某些负荷。

自动装置与微机型保护的区别在于自动装置虽然也采集电流、电压量，但只进行简单的数值比较以做"有""无"的判断，然后按照相对简单的固定逻辑动作发出针对断路器的相应操作指令。这个工作过程相对于微机型保护而言是非常简单的。

对于一般规模的市区110kV变电站，现在多使用110/10kV两绕组变压器，无35kV电压等级。110kV配电装置采用GIS（SF_6气体绝缘全封闭组合电器）或PASS（智能化SF_6高压组合电器），配置SF_6绝缘弹簧机构断路器，一次主接线形式多为桥形接线，部分重要变电站为单母线分段接线；10kV配电装置采用中置柜，配置真空绝缘弹簧机构断路器，一次主接线形式为单母线分段接线。

110kV侧一次主接线为内桥接线的110/10kV变电站，其站内主要二次设备包括：110kV主变压器保护测控屏（主变压器保护、测控、操作箱）、综合测控屏（公共测控、110kV电压重动/并列）、110kV备自投屏（备自投、内桥充电保护）、远动屏、电能表屏（主变压器高低压侧计量、内桥计量）、10kV线路保护测控装置（安装在开关柜上，类似的还有电容器保护装置、接地变保护装置、10kV电压重动/并列装置）。

重动：电压互感器的二次电压在进入二次设备之前必须经过重动装置。所谓重动就是使用一定的控制电路使电压互感器二次绕组的电压状态（有/无）和电压互感器的运行状态

（投入／退出）保持对应关系，避免在电压互感器退出运行时，其二次绕组向一次绕组反馈电压，导致造成人身或设备事故。

并列：当变电站一次主接线为桥形接线、单母线分段接线等含有分段断路器的接线方式时，两段母线的电压互感器二次电压还应经过并列装置，以使某间隔的二次设备在本段母线电压互感器退出运行而分段断路器投入的情况下，可以从另一段母线的电压互感器二次绕组获得电压。

目前，大多数厂家都将电压重动和并列两种功能整合为一台装置。如许继电气的 ZYQ - 824、南瑞继保的 RCS - 9663D 等，习惯性上称为电压并列装置。

对于 110kV 侧一次主接线为外桥接线的 110/10kV 变电站，其二次设备与内桥变电站相比，增加了 110 线路保护测控屏（线路保护、测控、操作箱），减去了 110kV 备自投屏。

1. 微机型保护与微机型测控的工作方式

微机型保护是根据所需功能配置的。不同的电力设备配置的微机型保护是不同的，但各种微机型保护的工作方式是类似的。一般可概括为开入与开出两个过程。事实上，整个变电站自动化系统的所有二次设备几乎都是以这两种模式工作的，只是开入与开出的信息类别不同而已。

微机型测控与微机型保护的配置原则完全不同，它是对应于断路器配置的，所以，几乎所有的微机型测控的功能都是一样的，区别仅在于其容量的大小而已。微机型测控的工作方式也可以概括为开入与开出两个过程。

（1）开入

微机型保护和微机型测控的开入量都分为两种：模拟量和数字量。

1）模拟量的开入。微机型保护需要采集电流和电压两种模拟量进行运算，以判断其保护对象是否发生故障。微机型测控开入的模拟量除了电流、电压外，有时还包括温度量（主变压器测温）、直流量（直流电压测量）等。微机型测控开入模拟量的目的是获得数值，同时进行简单的计算以获得功率等其他电气量数值。

2）数字量的开入。数字量也称为开关量，它是由各种设备的辅助触点通过开/闭转换提供的，只有 1、0 两种状态。对于 110kV 及以下电压等级的微机型保护而言，微机型保护对外部数字量的采集一般只有闭锁条件一种，这个回路一般是电压为直流 24V 的弱电回路。

微机型测控对数字量的采集主要包括断路器机构信号、隔离开关及接地开关状态信号等。这类信号的触发装置（即辅助开关）一般在距离主控室较远的地方，为了减少电信号在传输过程中的损失，通常采用电压为直流 220V 的强电回路进行传输。同时，为了避免强电系统对弱电系统的干扰，在进入微机型测控单元前，需要使用光耦合单元对强电信号进行隔离、转换而变成弱电信号。

（2）开出

对微机型保护而言，开出指的是微机型保护动作后，按照预先设定好的程序自动发出的操作指令、信号输出等。

对微机型测控而言，开出指的是人为发出的对断路器及各类电动机构（隔离开关、接地开关）操作指令。

1）操作指令。微机型保护发出的操作指令是自动的，只针对断路器发出操作指令。对线路保护而言，这类指令有跳闸或者重合闸两种；对主变压器保护、母线差动保护而言，这类指令只有跳闸一种。

在某些情况下，微机型保护也会对一些电动设备发出指令，如"主变压器过负荷启动风机"会对主变风冷控制箱内的风机控制回路发出启动命令；对其他微机型保护或自动装置发出指令，如"母线差动保护动作闭锁线路保护重合闸""主变压器保护动作闭锁内桥备自投"等。

微机型测控发出的操作指令是人为的，微机型测控发出的操作指令可以针对断路器和各类电动机构，这类指令也只有两种，对应断路器的跳闸、合闸或者对应电动机构的分、合。

2）信号输出。微机型保护输出的信号只有两种，保护动作和重合闸动作。线路保护同时具备这两种信号，主变压器保护只输出保护动作一种信号。至于"装置断电"之类的信号属于装置自身故障，严格意义上讲不属于保护范畴。

微机型测控是将自己采集的开关量信号进行模式转换后通过网络传输给监控系统。

2. 微机型保护、测控与操作箱的联系及工作方式

操作箱内安装的是针对断路器的操作回路，用于执行微机型保护、微机型测控对断路器发出的操作指令。一台断路器配置一台操作箱。一般来说，在同一电压等级中，所有类型的微机型保护配套的操作箱都是一样的。在 110kV 及以下电压等级的二次设备中，由于断路器的操作回路相对简单，目前已不再设置独立的操作箱，而是将操作回路与微机型保护整合在一台装置中。需要明确的是，尽管安装在一台装置中且有一定的电气联系，操作回路与微机型保护回路在功能上仍然是完全独立的。

对于一个含断路器的设备间隔，其二次设备系统均由 3 个独立部分组成：微机型保护、微机型测控、操作箱。这个系统的工作方式有 3 种。

方式 1：在后台机上使用监控软件对断路器进行操作。操作指令通过网络触发微机型测控里的控制回路，控制回路发出的对应指令通过控制电缆到达微机型保护里的操作箱，操作箱对这些指令进行处理后通过控制电缆发送到断路器机构箱内的控制回路，最终完成操作。动作流程为：微机型测控——操作箱——断路器。

方式 2：在微机型测控屏上使用操作把手对断路器进行操作。操作把手的控制接点与微机型测控里的控制回路是并联的，操作把手发出的操作指令通过控制电缆到达微机型保护里的操作箱，操作箱对这些指令进行处理后通过控制电线发送到断路器机构箱内的控制回路，最终完成操作。使用操作把手操作也称为强电手操，它的作用是防止监控系统发生故障（如后台机死机）时无法操作断路器。所谓强电是指断路器操作的启动回路在直流 220V 电压下完成，而使用后台机操作时，启动回路在后台机的弱电回路中。动作流程为：操作把手——操作箱——断路器。

方式 3：微机型保护在保护对象发生故障时发出的操作指令。操作指令通过装置内部接线到达操作箱，操作箱对这些指令进行处理后通过控制电缆发送到断路器机构箱内的控制回路，最终完成操作。动作流程为：微机型保护——操作箱——断路器。

微机型测控与操作把手的动作都是需要人为操作的；微机型保护的动作是自动进行的。操作类型的区别对于某些自动装置联锁回路的动作逻辑是重要的判断条件。

3. 断路器的控制回路介绍

断路器的控制回路主要包括断路器的跳、合闸操作回路以及相关闭锁回路。一个完整的

断路器控制回路由微机型保护（或自动装置）、微机型测控、操作把手、切换把手、操作箱和断路器机构箱组成。

断路器操作按照操作地点的不同分为远方操作和就地操作。就地和远方相对于"远方/就地"切换把手所安装的那个位置。在 110kV 断路器的操作回路中，一般有两个切换把手，一个安装在微机型测控屏，一个安装在断器机构箱。对微机型测控屏的切换把手 1QK 而言，使用微机型测控屏上的操作把手进行操作就属于就地，来自综合自动化后"软件或集控站通过远动户系统传来的操作命令都属于远方；对断路器机构箱内的切换把 43LR 而言，在机构箱使用操作按钮进行操作属于就地，一切来自主控室的操作命令都属于远方。

1）断路器的合闸操作。断路器的合闸操作分为手动合闸和自动合闸两种。手动合闸包括：利用综合自动化后台软件（或在集控站利用远动系统）合闸、在微机型测控屏使用操作把手合闸、在断路器机构箱使用操作按钮合闸；自动合闸包括：线路重合闸和备自投装置合闸。

2）断路器的跳闸操作。断路器的跳闸操作分为手动跳闸和自动跳闸两种。手动跳闸包括：利用综合自动化后台软件（或在集控站利用远动系统）跳闸、在微机型测控屏使用操作把手跳闸、在断路器机构箱使用操作按钮跳闸。自动跳闸包括：自身保护（该断路器所在间隔配置的微机型保护）动作跳闸、外部保护（母线保护或外间隔配置的微机型保护）动作跳闸、自动装置（备自投装置、低频减载装置等）动作跳闸、偷跳（由于某种原因断路器自己跳闸）。

3）断路器操作的闭锁回路。断路器操作的闭锁回路，根据断路器电压等级和工作介质的不同可以分为两类：操作动力闭锁和工作介质闭锁。

操作动力闭锁指的是断路器操作所需动能的来源发生异常，禁止断路器进行操作。例如，弹簧机构断路器的"弹簧未储禁止合闸"等。

工作介质闭锁指的是断路器操作所需绝缘介质浓度异常，为避免发生危险而禁止断路器操作。例如，SF_6 断路器的"SF_6 压力低禁止操作"等。

3.1.2 开关柜断路器的就地、远方、遥控操作

1. 开关柜断路器的就地操作

在开关柜的前门，可以看到两个按钮，红色为合闸按钮，绿色为跳闸按钮。还有一个断路器跳位置指示器，显示"I"为合闸，显示"O"为跳闸。

图 3-1 和图 3-2 为 KYN28A-12 型开关柜跳合闸原理图。SHA 为合闸按钮，TA 为跳闸按钮。CZ 为二次元件插件，回路编号 101、102 为控制电源正、负极，其空气开关装在相应的主变保护 A 柜上。DK1、DK2 为储能电源空气开关。S8 为手车试验位置行程开关，手车在试验位置 S8 是闭合的。S1 为弹簧储能行程开关，弹簧已储能时闭合。YC 为断路器合闸线圈，YT 为跳闸线圈，KO 为断路器防跳线圈。

当满足"手车在试验位置，弹簧已储能"的条件时，按下红色合闸按钮 SHA，合闸线圈 YC 通电，断路器合闸。断路器合闸后由于储能弹簧的能量已释放，触动了微动行程开关 S3 闭合，起动电机，压缩弹簧重新储能。当弹簧完成储能后，触动微动行程开关 S3 断开，电机停转，同时发出"已储能"信号。

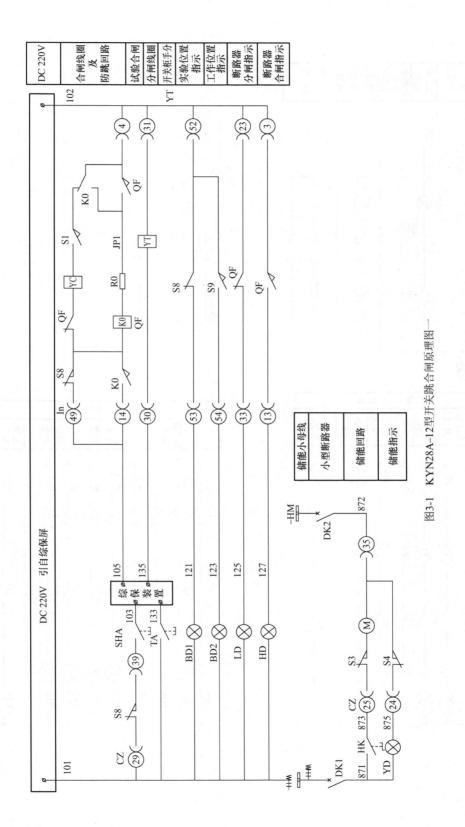

图3-1 KYN28A-12型开关跳合闸原理图一

47

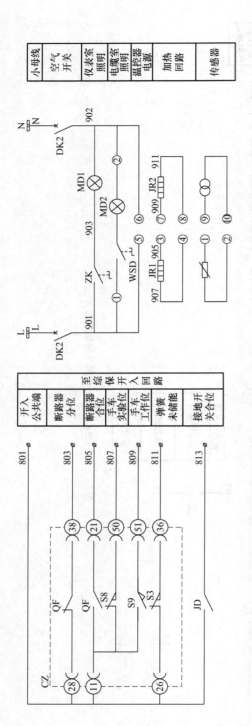

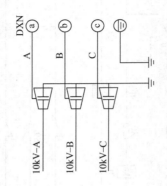

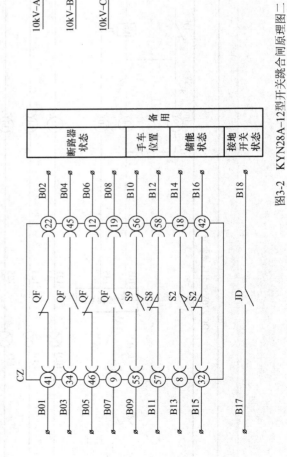

图3-2 KYN28A-12型开关跳合闸原理图二

按下绿色跳闸按钮 TA 时，不管手车在运行位置还是在试验位置，断路器都能跳闸。一般继电保护装置都设有断路器防跳回路，称"装置防跳"，即 TBJ 及相应回路。断路器机构箱内也设有断路器防跳回路，称"机构防跳"，即 KO 防跳继电器及相应回路。有时，这两种防跳会冲突，造成断路器不能合闸。这样，就要取消其中一种防跳。通常是取消"机构防跳"，如在图 3-1 中断开压板 JP1 因为"装置防跳"与保护回路在一起，可靠性比较高。

2. 测控装置（柜）的远方操作

以主变保护测控柜的 RCS-9703C 测控装置和 CJX-11 操作箱为例。在主变保护测控柜的测控装置 RCS-9703C 旁，找到控制开关 QK，有"强制手动""远控"和"同期手合"3 个位置。QK"强制手动"是指在测控柜上就地进行断路器的跳、合闸操作。QK"远控"是指在主控室后台机上进行断路器的跳、合闸操作。QK"同期手合"是指在满足同期条件后，在测控柜上就地进行断路器的合闸操作。还有红色的合闸按钮 HA，绿色的跳闸按钮 TA。3S 为"五防装置"接口。把 QK 打到"强制手动"位置，用"五防"编码锁接通 3S，然后按下跳、合闸按钮进行断路器远方的跳、合闸操作。

断路器操作按照操作地点的不同分为远方操作和就地操作。就地和远方相对于"远方/就地"切换把手所安装的那个位置。"远方/就地"操作是一个相对的说法。在测控屏上的操作，相对于开关柜的位置来说，已是"远方"操作，但相对于主控制室后台来说，还是"就地"操作。有些厂家还把主控室后台的操作称为"遥控"，而在其他位置的操作都称为"就地"。

图 3-3 为主变保护测控柜上断路器就地/遥控原理接线图。3S 为"五防装置"接口，3QK 断路器操作方式选择转换开关。3HA 为合闸按钮，3TA 为跳闸按钮。+KM 为控制电源小母线，注意，其控制开关安装在主变保护 A 柜上。

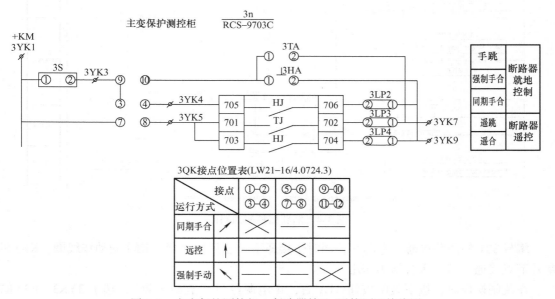

图 3-3　主变保护测控柜上断路器就地/遥控原理接线图

"五防装置"是变电站综合自动化五防系统中安装在微机测控屏的电气五防锁。在将五防编码锁（计算机钥匙）插入此电气锁后，若按照程序要求应该操作此断路器，则可以认为 3S

的两个接点被短接，正电源接通 3S 的①②；若程序中不应该操作此断路器，则 3S 的两个接点为开路状态，正电源被阻断在 3S 的①处。如此，即实现了"防止误操作断路器"的功能。

将 3QK 转到"强制手动"后，按下合闸按钮 3HA 后，正电源经过"五防装置"接口 3S，端子 3YK3 与 3YK9 接通，在图 3-4 中编号 321 的回路接上了正电源，再经过 D7、合闸压力闭锁接点 HYJ1、HYJ2、TBJV、HBJ、最后在编号 307 的回路出口，接通开关柜断路器的合闸线圈，使断路器合闸。

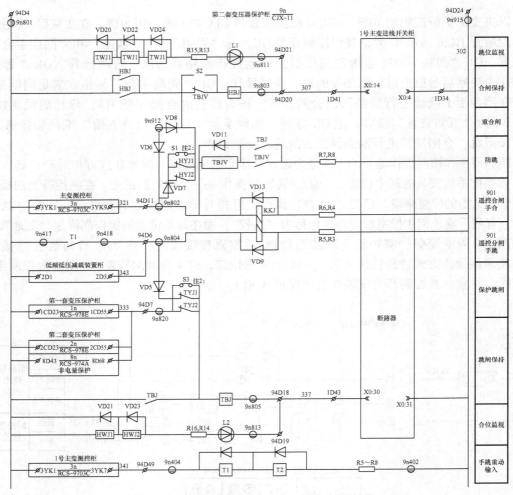

说明：S1短接，取消手和压力闭锁；S2短接，取消防跳；S3短接，取消跳闸压力闭锁

图 3-4　断路器控制回路图

编号 321 的回路接通正电源后，同时也接通了"合后继电器" KKJ 的动作线圈，KKJ 的常开节点接通，启动重合闸等作用。

在跳闸操作时，按下跳闸按钮 3TA 后，正电源经过"五防装置"，端子 3YK3 与 3YK7 接通，在图 3-4 中编号 341 的回路接上了正电源，从而接通了手跳重动继电器 T1、T2，经 T1 的常开接点、D5、跳闸压力闭锁接点 TYJ1、TYJ2、跳跃闭锁继电器 TBJ，在编号 337 的回路出口，最后接通开关柜断路器的跳闸线圈，使断路器跳闸。

T1 的常开接点接上了正电源后，同时也接通了"合后继电器"KKJ 的复归线圈，KKJ 的常开节点断开，闭锁重合闸等作用。

KKJ 为"合后继电器"，该继电器有一动作线圈和复归线圈，当动作线圈加上一个"触发"动作电压后，接点闭合。此时如果线圈失电，接点也食维持原闭合状态，直至复归线圈上加上一个动作电压，接点才会返回。当然这时如果线圈失电，接点也会维持原打开状态。

3. 主控室后台的遥控操作

在主控室的后台系统计算机中，用控制软件进行的控制操作。在图 3-3 可以看到，进行断路器的遥控操作，实际上是通过遥控触点 HJ、TJ 来把端子 3YK3 分别接通 3YK9 和 3YK7。因此，3QK 必须先打到"远方"的位置，其触点⑤和⑥，⑦和⑧接通，同时还要投入压板 3LP3 和 3LP4。端子 3YK3 分别接通 3YK9 和 3YK7 后，在图 3-4 的动作过程与前述的相同。

利用后台系统软件遥控操作断路器是不受"五防装置"影响的，这种操作模式是通过微机五防系统和变电站自动化系统的软件实现相互配合，通过这种"软五防"的方式来保证后台系统操作顺序的正确。

3.1.3 SF$_6$绝缘弹簧机构断路器操作控制

SF$_6$断路器是 110kV 电压等级最常用的开关电器。以下选用西安西开高压电气股份有限公司生产的 LW25 - 126 型 SF$_6$绝缘弹簧机构断路器进行讲解。

LW25 - 126 型断路器操作机构的二次回路如图 3-5 所示。主要元件的符号与名称对应关系如表 3-1 所示。

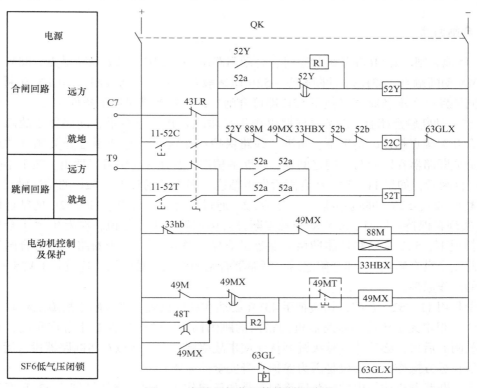

图 3-5　断路器操作机构控制回路图

表 3-1 LW25-126 型断路器操作机构主要元件的符号和名称

符　号	名　称	备　注
11-52C	合闸操作按钮	手动合闸
11-52T	分闸操作按钮	手动跳闸
52C	合闸线圈	
52T	分闸线圈	
43LR	远方/就地切换开关	
52Y	防跳继电器	
8M	空气开关	储能电动机电源投入开关
88M	储能电动机接触器	动作后接通电动机电源
48T	电动机超时继电器	
49M	电动机过电流继电器	
49MX	辅助继电器	反映电动机过电流、过热故障
33hb	合闸弹簧限位开关	弹簧未储能时，其触点闭合
33HBX	辅助继电器	弹簧未储能时，通电，动断触点打开
52a，52b	断路器辅助触点	52a 为动合触点、52b 为动断触点
63GL	SF$_6$ 气压压力触点	压力降低时，其触点闭合
63GLX	SF$_6$ 低气压闭锁继电器	压力降低时，通电，动断触点打开
49MT	49MX 复归按钮	复归 49MX，现场增加

1. 合闸回路

1）就地合闸。43LR 在就地状态时，合闸回路由 11-52C、52Y 动断触点、88M 动断触点、49MX 动断触点、33HBX 动断触点、52b 动断触点、52C 合闸线圈、63GLX 动断触点组成。合闸回路处于准备状态（按下 52C 即可合闸）时，需要满足以下条件。

① 52Y 动断触点闭合。52Y 是防跳继电器。防跳是指防止在手合断路器于故障线路且发生手合开关接点粘连的情况下，由于"线路保护动作跳闸"与"手合开关触点粘连"同时发生造成断路器在跳闸与合闸之间发生跳跃的情况。从图 3-5 中可以看出，按下手合按钮 11-52C 合闸后，如果 11-52C 在合闸后发生粘连，则 52Y 通过 11-52C 的粘连触点、断路器动合触点 52a、52Y 动断触点启动，然后 52Y 通过自身动合触点、11-52C 的粘连触点和电阻 R$_1$ 实现自保持。同时，52Y 动断触点断开合闸回路。也就是说，在发生"手合按钮粘连"的情况下，52Y 的防跳功能即由断路器的合闸操作启动（至于断路器是否合闸于故障线路对此完全没有影响），即合闸之后，断路器合闸回路已经被闭锁。这就是 LW25-126 防跳回路的动作原理。

由于是用 11-52C 合闸，切换把手 43LR 必然在就地位置，当合闸于故障线路时"保护跳闸命令"根本无法传输到断路器机构箱内的跳闸回路。这个错误是十分严重的，会造成且无法跳闸的后果，必然造成越级跳闸从而使事故范围扩大。所以在将断路器投入运行的时候，必须在远方操作，不仅仅是因为保护人身安全的需要。

那么，断路器机构箱内的防跳回路到底是如何起作用的呢？将切换把手 43LR 置于远方位置，若使用测控屏上的操作把手 1SA 合闸后发生合闸触点粘连，那么 52Y 的动作情况就会与刚才分析的一样，并且起到了防跳功能，而不是上文提到的仅仅形成"断路器合闸回路被闭锁"的状态。

可以看出将 52Y 的动断触点串入合闸回路的目的在于，可以在手合断路器后且发生手合开关触点粘连的情况下，断开断路器的合闸回路。

② 88M 动断触点闭合。88M 是合闸弹簧储能电动机的接触器，它是由合闸弹簧限位开关 33hb 的动断触点启动的。断路器机构内有两条弹簧，分别是合闸弹簧与跳闸弹簧。合闸弹簧依靠电动机牵引进行储能（拉伸），跳闸弹簧依靠合闸弹簧释放（收缩）时的势能储能。断路器的合闸操作是通过合闸弹簧势能释放带动相关机械部件完成的。断路器合闸动作结束后，合闸弹簧失去势能，即合闸弹簧处于未储能状态，合闸弹簧限位开关 33hb 动断触点闭合。33hb 动断触点闭合后启动 88M，88M 动合触点闭合接通电动机电源使电动机运转给合闸弹簧储能。同时，88M 动断触点打开从而断开合闸回路，实现闭锁功能。

电动机转动将合闸弹簧拉伸到一定程度后（即储能完成），33hb 动断触点打开使 88M 失电，88M 动合触点打开从而断开电动机电源使其停止运转，合闸弹簧由定位销卡死。同时，88M 动断触点闭合，解除对合闸回路的闭锁。在合闸弹簧再次释放前，电动机均不再运转。88M 动断触点闭合表示电动机停止运转。在排除电动机故障的情况下，电动机停止运转在一定程度上表示合闸弹簧已储能。

将 88M 的动断触点串入合闸回路的目的在于，防止在弹簧正在储能的那段时间内（此时弹簧尚未完全储能）进行合闸操作。

③ 49MX 动断触点闭合。49MX 是一个中间继电器，是由电动机过流继电器 49M 或电动机超时继电器 48T 启动的，概括地说，它代表的是电动机故障。在电动机发生故障后，49M 或 48T 通过 49MX 的动断触点启动 49MX，而后 49MX 通过自身动合触点及电阻 R2 实现自保持。同时，49MX 动断触点打开从而断开合闸回路，实现闭锁功能。49MX 动断触点闭合表示电动机正常。

从图 3-5 中可以看出，在 49MX 的自保持回路接通以后，存在无法复归的问题。即使电动机故障已经排除，49M 和 48T 已经复归，49MX 仍然处于动作状态，其动断触点一直断开合闸回路。最初，检修人员只能断开断路器操作回路的电源开关使 49MX 复归；现在，在 49MX 的自保持回路中串接了一个复归按钮（如图 3-5 中虚线框内的 49MT），解决了这个问题。

合闸弹簧释放（即合闸动作完成）后，将自动启动电动机进行储能。如果电动机存在故障，则合闸弹簧就不能正常储能，从而导致无法进行下一次合闸操作。例如手动合闸 110kV 线路断路器成功后，如果电动机故障造成合闸弹簧储能失败而断路器继续运行，则在线路发生故障时，重合闸必然失败。

将 49MX 的动断触点串入合闸回路的目的在于防止将合闸弹簧已储能但储能电动机已经发生故障的断路器合闸。

④ 33HBX 动断触点闭合。33HBX 是一个中间继电器，它是由合闸弹簧限位开关 33hb 的动断触点起动的。33hb 动断触点闭合表示的是合闸弹簧未储能，它同时起动电动机接触器 88M 和合闸弹簧未储能继电器 33HBX、88M 的动合触点接通电动机电源回路进行储能，33HBX 的动断触点打开从而断开合闸回路，实现闭锁功能。33HBX 的动断触点闭合表示的是合闸弹簧已储能。

将 33HBX 的动断触点串入合闸回路的目的在于防止在弹簧未储能时进行合闸操作，若无此动断触点断开合闸回路，则会由于微机操作箱中的合闸保持继电器 KLC 的作用导致合闸线圈 52C 持续通电而被烧毁。

⑤ 断路器的动断辅助触点 52b 闭合。断路器的动断辅助触点 52b 闭合表示的是断路器处于分闸状态。从图 3-5 中可以看出，有两个 52b 的动断触点串联接入了合闸回路，这和传统控制回路图纸中的一个动断触点的画法是不一致的。这是因为，断路器的辅助触点和断路器的状态在理论上是完全对应的，但是在实际运行中，由于机件锈蚀等原因都可能造成断路器变位后辅助接点变位失败的情况。将两对辅助触点串联使用，可以确保断路器处于这种接点所对应的状态。

将断路器动断辅助触点 52b 串入合闸回路的目的在于，保证断路器此时处于分闸状态，更重要的是，52b 用于在合闸操作完成后切断合闸回路。

⑥ 63GLX 的动断触点闭合。63GLX 是一个中间继电器，它是由监视 SF$_6$ 密度的气体继电器 63GL 的动断触点启动的。由于泄漏等原因都会造成断路器内 SF$_6$ 的密度降低，无法满足灭弧的需要，这时就要禁止对断路器进行操作以免发生事故，通常称为 SF$_6$ 低气压闭锁操作。63GLX 启动后，其动断触点打开，合闸回路及跳闸回路均被断开，断路器即被闭锁操作。

与前面几对闭锁触点不同的是，63GLX 闭锁的不仅仅是合闸回路。从图 3-5 中可以明显地看出，这对触点闭锁的是合闸及跳闸两个回路，所以它的意义是闭锁操作。

将 63GLX 的动断触点串入操作回路的目的在于，防止在 SF$_6$ 密度降低不足以安全灭弧的情况下进行操作而造成断路器损毁。

在满足以上几个条件后，断路器的合闸回路即处于准备状态，可以在接到合闸指令后完成合闸操作。

2) 远方合闸。对断路器而言，远方合闸是指一切通过微机操作箱发来的合闸指令，它包括微机线路保护重合闸、自动装置合闸、使用微机型测控屏上的操作把手合闸、使用综合自动化系统后台软件合闸、使用远动功能在集控中心合闸等，这些指令都是通过微机操作箱的合闸回路传送到断路器机构箱内的合闸回路的。

这些合闸指令其实就是一个高电平的电信号，当 43LR 处于远方状态时，它通过 43LR 以及断路器机构箱内的合闸回路与负电源形成回路，启动 52C 完成合闸操作。

断路器的远方合闸回路，除了 43LR 在远方位置且无 11-52C 外，与就地合闸回路是一样的。

2. 跳闸回路

1) 就地跳闸。43LR 在就地状态时，跳闸回路由跳闸按钮 11-52T、52a 动合触点、52T 和 63GLX 动断触点组成。跳闸回路处于准备状态（按下 11-52T 即可成功跳闸）时，断路器需要满足以下条件。

① 断路器的动合辅助触点 52a 闭合。断路器的动合辅助触点 52a 闭合表示的是"断路器处于合闸状态"。从图 3-5 中可以看出，跳闸回路使用了 52a 的四对动合触点。每两对动合触点串联，然后再将它们并联，这样既保证了辅助触点与断路器位置的对应关系，又减少了辅助触点故障对断路器跳闸造成影响的几率。

将断路器动合辅助触点 52a 串入跳闸回路的目的在于，保证断路器处于合闸状态，更重要的是，52a 用于在跳闸操作完成后切断跳闸回路。

② 63GLX 的动断触点闭合。

2）远方跳闸。对断路器而言，远方跳闸是指一切通过微机操作箱发来的跳闸指令，包括微机型保护跳闸、自动装置跳闸、使用微机型测控屏上的操作把手跳闸、使用综合自动化系统后台软件跳闸、使用远动功能在集控中心跳闸等，这些指令都是通微机操作箱的跳闸回路传送到断路器的。

这些跳闸指令其实就是一个高电平的电信号，在 43LR 处于远方状态时，它通过 43LR 以及断路器机构箱内的跳闸回路与负电源形成回路，启动 52T 完成跳闸操作。

3.2 变电站综合自动化电压、无功综合控制

电压是衡量电能质量的一项主要指标，也是标志电力系统安全、经济运行状况的重要指标，而电力系统的电压水平又与无功功率的平衡有关，因此进行电压、无功调整是保证电能质量的重要手段。系统电压是由系统潮流分布决定的，影响电压的主要因素有：负荷的变化、无功补偿容量的变化、运行方式改变引起的功率分布和网络阻抗的变化。

具有补偿电容器和有载调压变压器的变电站，有载调压变压器可以在带负荷的情况下切换分接头位置，从而改变变压器的变比，起到调整电压和降低损耗的作用。控制无功补偿电容器的投切，可改变网络中无功功率的分布，改善功率因数，减少网损和电压损耗，改善用户的电压质量。以上两种调节和控制的措施，都有调整电压和改变无功分布的作用，但它们的作用原理和后果有所不同。利用改变有载调压变压器的分接头位置进行调压时，调压措施本身不产生无功功率，但系统消耗的无功功率与电压水平有关，因此在系统无功功率不足的情况下，不能用改变变比的办法来提高系统的电压水平，否则电压水平调得越高，该地区的无功功率越不足，反而导致恶性循环。所以在系统缺乏无功的情况下，必须利用补偿电容器进行调压。投补偿电容器既能补充系统的无功功率，又可改变网络中的无功分布，从而又有利于系统电压水平的提高。因此必须把调分接头与控制电容器组的投、切两者结合起来，进行合理的调控，才能起到既改善电压水平，又降低网损的效果。

3.2.1 电压无功调整的方法

变电站综合自动化电压、无功综合控制子系统功能是通过采集系统潮流和母线电压参数，实现无功补偿优化为目的，利用综合自动化技术，实现自动对有载调压变压器分接头和无功补偿装置（并联电容、并联电抗器）的综合调控，实现电压、无功双参数控制，即使母线电压处于合格的范围，又使输入变压器低压母线的无功功率处于理想状态，从而达到改善电压水平，降低网损的效果。

1）调整有载调压变压器分接开关可调整变压器的出口电压。

2）投切无功补偿电容器可改善线路的无功潮流分布、改善功率因数，减少输出总电流，减少网损，提高用户末端电压。

电网运行电压水平既与无功功率平衡有关，又与电网结构、调压能力有关。无功功率平

衡是指在系统运行的每一时刻，无功电源所发出的无功功率要等于负荷所消耗的无功功率和网络的无功损耗之和。

当系统发出和消耗的无功不平衡时，电压就会偏离额定值；而电压的变化又反过来影响负荷的无功功率和网络的无功损耗。系统电压和无功功率相互关联、相互影响，电压、无功的调整密不可分。

（1）无功电源

1）同步发电机。它是电网中最基本的无功电源。一般可通过改变转子回路的励磁电流来实现对发电机输出无功功率的平滑调整。

2）并联电容器。通过在负荷侧安装并联电容器提高负荷功率因数，以减少输电线路上的无功功率来达到调压目的，是应用最广泛的无功补偿设备。电容器只能发出无功功率，提高电压，只能根据负荷变化分组投切，调压是阶梯形的，同时当母线电压降低时，并联电容器输出的无功功率将减少。

3）并联电抗器。它是吸收无功功率的设备，可用来解决超高压长距离线路充电功率过剩问题，广泛应用在超高压电网中。

4）静止补偿器。它由并联电容器、电抗器及检测与控制系统组成。它调压速度快，并能抑制电网过电压、功率振荡和电压突变，吸收谐波，改善不平衡度，是电网调压的发展方向。

（2）无功补偿设备配置原则

无功补偿设备配置按照分层分区和就地平衡的原则考虑。分层是指尽量保持不同等级电压间的无功功率平衡，减少各电压层间的无功功率传递；分区是指在供电电网中，实现无功功率分区和就地平衡。

变电站的电容器安装容量，一般可按变压器容量的 10%～30% 确定。总容量确定后，通常将电容器分组安装，分组的主要原则是根据电压波动、负荷变化、谐波含量等确定。

（3）电网的调压方法

1）增减无功功率进行调压，如发电机、静止补偿器、并联电容器和并联电抗器。

2）改变有功和无功的分布进行调压，如改变变压器分接头调压。

3）改变网络参数进行调压，如加大电力网的导线截面、在线路中装设串联电容器、利用可调电抗、改变电网接线等。

4）特殊情况下也可采用调整用电负荷或采取限电的方法对电网电压进行调整。

（4）电网的调压方式

电力用户成千上万，不可能对每一用户电压都监测，因此要选择一些可反映电压水平的主要负荷供应点以及某些具有代表性的发电厂、变电站的电压进行监视和调整。一般把监测电网电压值和考核电压质量的节点，称为电压监测点；把电网中重要的电压支撑点称为电压中枢点。

监视和控制电压中枢点的电压偏移不超出规定范围是电网电压调整的关键。电网调压方式分为逆调压、顺调压、恒调压 3 种。

1）逆调压。大负荷时将中枢点的电压升高至比线路额定电压高 5%；小负荷时则将中枢点电压降低至线路的额定电压。这种方式适用于中枢点至各负荷点的线路较长，且各点负荷变化较大，变化规律也大致相同的情况。

2）顺调压。大负荷时允许中枢点电压低一些（但不得低于线路额定电压的 102.5%）；小负荷时允许中枢点电压高一些（但不得高于线路额定电压的 107.5%）。这种方式适用于负荷变动甚小，线路电压损耗小，或用户允许电压偏移较大的情况。

3）恒调压。中枢点的电压保持在线路额定电压的 102%~105%，不必随负荷变化来调整。这种方式适用于负荷变动较小，线路上的电压损耗也较小的情况。

目前普遍采用逆调压方式，它可以确保负荷点的电压有较高质量，并能提高电网运行的经济性。高峰负荷时，线路、变压器上的电压损耗会因负荷电流增加而增加，则负荷点的电压会降低；低谷负荷时，线路、变压器上的电压损耗减小，负荷点的电压会偏高。逆调压方式在高峰负荷时升高中枢点电压，低谷负荷时降低中枢点电压，与负荷点电压的变化反方向调整，从而保证了负荷点的电压质量。

3.2.2 变电站电压、无功调整原则

1. 变电站电压、无功调整要求

1）加强并联电容器组的运行检查及维护，发现缺陷及时处理，保证有足够的无功补偿容量。

2）应严格按照调度下达的电压曲线及功率因数执行。

3）投切电容器及调整主变压器分接头的操作原则：当 220kV 以下电网电压接近下限时，应先投入电容器组，后升高主变压器分接头；当电压接近上限时，应先降低主变压器分接头，后退出电容器组，但不得向系统倒送无功。若考虑到变压器有载调压分接头频繁调整对设备安全不利，当电压过高时，在保证功率因数合格的前提下，可先退出电容器组，后降低主变压器分接头。

4）母线停电时，电容器组应退出运行；母线送电后，再根据母线电压和功率因数，确定是否投入电容器。

5）调整主变压器分接头时，每次只能调整一个分接头。两台有载调压变压器并列运行时，调整分接头应交替进行。调整过程中注意监视电压、无功功率、分头位置指示的相应变化。

6）220kV 主变压器分接头每天允许调整次数一般不超过 10 次，这个次数是根据一个检修周期允许的调整次数和检修周期得出的估算值，对于装有带电滤油装置的有载分接开关，每天的动作次数可以放宽。

7）在下列情况下不能进行主变压器分接头调整。主变压器过负荷运行；主变压器调压次数超过规定；有载调压装置的油标中看不到油位；有载调压轻瓦斯频繁动作；有载调压装置异常。

2. 变电站电压、无功调整原则

1）变压器运行分接位置应按保证变电站的电压偏差不超过允许值，并在充分发挥无功补偿设备的经济效益和降低线损的原则下，优化确定。

2）应清楚每组电容器容量，熟悉投切一组电容器后的电压变化量，观察调整一个主变压器分接头后电压和无功的变化情况，在进行调整时，可根据运行电压与电压曲线的差距以及实际的功率因数合理选择调整方法，避免来回重复调整。

3）投切电容器组时应使各组电容器的投入率及操作次数尽量平衡。

4）对采用混装电抗器的电容器组应先投电抗率大的，后投电抗率小的，这样是为了更好地发挥电抗器抑制谐波的作用。

5）两台变压器并列运行，调整分接头时，升压操作，应先操作负荷电流相对较少（阻抗较大）的一台，再操作负荷电流相对较大（阻抗较小）的一台，防止过大的环流，因为升压操作，实际上是减少高压绕组的匝数，降低变比，从而使低压侧电压升高，而匝数减少后，阻抗会降低，先调阻抗大的变压器，就会使两台变压器阻抗值更接近，这样环流会较小。降压操作时与此相反。操作完毕，应再次检查并联的两台变压器的电流大小与分配情况。

3.2.3 电压无功控制装置（VQC）

1. VQC 装置的概念

VQC 装置即变电站综合自动化系统电压、无功综合调节主站，是变电站层电压、无功自动控制软件，适用于各种电压等级的变电站。它作为变电站综合自动化系统的一部分，通过站内监控网络获得系统信息，包括相关节点的电压、电流、有功、无功以及有关断路器的位置信息，然后按照预定的控制原则作出控制决定。在需要调节主变压器分接头时，由主站发令通过监控网下达给相应的主变压器间隔执行装置执行；需要投切电容器时，也是由主站发令由相应的电容器保护装置或断控单元执行。

变电站就地电压、无功综合自动控制（VQC）调节有两种方法：第一种方法采用硬件装置，采样有载调压变压器和并联补偿电容器的数据，通过控制和逻辑运算实现全站的电压和无功自动调节，以保证负荷侧母线电压在规定的范围之内及进线功率因数尽可能高、有功损耗尽可能低的一种装置。这种装置具有独立的硬件，因此它不受其他设备的运行状态影响，可靠性较高。第二种方法是软件 VQC，它是在就地监控站利用现成的遥测、遥信信息，通过运行控制算法，用软件模块控制方式来实现变电站电压和无功自动调节。用这种方法可以发展为通过调度中心实施全系统电压与无功的综合在线控制。

2. 电压无功控制装置（VQC）的调整规则

因为投切电容器组能够同时影响电压和无功的大小，调整分接头一般只考虑电压的变化而不计电压变化对功率因数的影响，所以在遵循不向系统倒送无功的原则下，根据运行单位实际情况，电压无功控制装置按照设定好的调整规则进行电压、无功调整，电压无功控制的九区图如图 3-6 所示。电压和无功处于第 9 区域时正常，在其他区域时电压和功率因数偏离了正常范围，电压无功控制装置进行调节。

1）第 1 区域。电压与功率因数都低于下限，优先投入电容器，如电压仍低于下限，再调节分接开关升压。

2）第 2 区域。电压低于下限，功率因数正常，先调节分接开关升压，如分接开关已无法调节，则投入电容器。

3）第 3 区域。电压低于下限，功率因数高于上限，先调节分接开关升压直到电压正常，如功率因数仍高于上限，再切电容器。

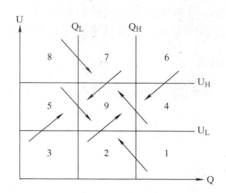

图 3-6　电压无功控制的九区图

4）第 4 区域。电压正常而功率因数低于下限，投入电容器直到功率因数正常。

5）第 5 区域。电压正常而功率因数高于上限，切除电容器直到正常。

6）第 6 区域。电压高于上限而功率因数低于下限，应调节分接开关降压，直到电压正常，如功率因数仍低于下限，再投电容器。

7）第 7 区域。电压高于上限，功率因数正常，先调节分接开关降压，如分接开关已无法调节，电压仍高于上限，则切电容。

8）第 8 区域。电压与功率因数都高于上限，优先切电容器，如电压仍高于上限，再调节分接开关降压。

对电压、无功综合自动控制装置的基本要求如下所述。

1）应能自动对变电站的运行方式和运行状态进行监视并加以识别，从而正确地选择控制对象并确定相应的控制方法。

2）对目标电压、电压允许偏差范围和功率因数上下限等应能进行灵活整定。

3）变压器分接头控制和电容器组投切应能考虑各种条件的限制。

4）控制命令发出后应能自动进行检验以确定动作是否成功；若不成功，应能做出相应的处理；每次动作应有打印的记录。

5）对变电站的运行情况，如各断路器状态、主接线运行方式、变压器分接头位置、母线电压、主变压器无功等参数应能清晰地予以显示，并设置故障录波器。

6）应具有自检、自恢复功能，硬件可靠、软件合理、维修方便且具有一定的灵活性和适应性。

3. 电压、无功综合自动控制方式

1）集中控制方式。集中控制方式是指在调度中心对各个变电站的主变压器的分接头位置和无功补偿设备进行统一的控制。

2）分散控制方式。分散控制是指在各个变电站或发电厂中，自动调节有载调压变压器的分接头位置或其他调压设备，以控制地区的电压和无功功率在规定的范围内。

3）关联分散控制方式。关联分散控制是指电力系统正常运行时，由分散安装在各厂、站的分散控制装置或控制软件进行自动调控，调控范围和定值是从整个系统的安全、稳定和经济运行出发，事先由电压、无功优化程序计算好的，而在系统负荷变化较大或紧急情况或系统运行方式发生大的变动时，可由调度中心直接操作控制，或由调度中心修改下属变电站所应维持的母线电压和无功功率的定值，以满足系统运行方式变化后新的要求。

4. 电压无功综合控制的闭锁

在某种条件下，应闭锁电压无功综合控制装置，使其不致动作。这些条件主要包括如下内容。

1) 系统发生故障。

2) 变电站母线发生故障。

3) 主变压器发生故障或事故。

4) 主变压器异常运行。

5) 电压无功综合控制装置的电压互感器发生故障。

6) 补偿电容器本身或回路装置发生故障或事故，闭锁相应电容器组的控制回路。

7) 主变压器控制器发生异常。

8) 主变压器或电力电容器正常退出操作时，闭锁主变压器或电容器控制装置。

9) 每次发出动作命令后进行校验，若装置拒动则应闭锁。

10) 母线电压太低时应闭锁调压功能。

11) 发生联调滑档时应闭锁调压功能。

12) 两台主变压器并列运行时，不同档时应闭锁调压功能。

13) 变压器档位已到达上下限、主变压器分接头自投切次数已达上限、电容器自投切次数已达上限、上一次动作后延时未到时均应将装置自动闭锁。

3.3 备用电源自动投入装置（AAT）

3.3.1 备用电源自动投入装置的作用及基本要求

在对供电可靠性要求较高的工厂变配电所中，通常采用两路及两路以上的电源进线，或互为备用，或一个为主电源，另一个为备用电源。当工作电源线路中发生故障而断电时，需要把备用电源自动投入运行以确保供电的可靠性。备用电源自动投入装置是当工作电源或工作设备因故障断开后，能自动将备用电源或备用设备投入工作，使用户不致停电的一种自动装置，也称为 AAT。目前普遍采用的微机型备自投装置不但体积小、质量轻、接线简单、可靠性高，而且使用智能化，即能够根据设定的运行方式自动识别当前的运行方式，选择自投方式。

对备用电源自动投入装置的要求如下所述。

1) 要求工作电源确实断开后，备用电源才允许投入。工作电源失压后，无论其进线断路器是否跳开，即使测量其进线电流为零，还是要先跳开该断路器，并确认是跳开后，才能投入备用电源。这是为了防止备用电源投入到故障元件上，扩大事故，加重设备损坏程度。例如，当工作电源故障保护拒动，被上一级后备保护切除，备自投装置动作后合于故障的工作电源。

2) 工作电源失压时，还必须检查工作电源无电流，才允许启动备自投装置，以防止 TV 二次回路断线造成失压，引起的备自投装置误动。

3）当工作母线和备用母线同时失去电压时，即备用电源不满足有电压条件时，备自投装置不应动作。

4）工作电源或工作设备，无论任何原因造成电压消失，备自投装置均应动作。由于运行人员的误操作而造成失压时，备自投装置应动作，使备用电源投入工作，以保证不间断的供电。

5）应具有闭锁备自投装置的功能。每套备自投装置，均应设置有闭锁备用电源自动投入的逻辑回路，以防止备用电源投到故障的元件上，造成事故扩大。

6）备自投装置的动作时间，以使负荷的停电时间尽可能短为原则。从工作母线失去电压到备用电源自动投入为止，中间有一段停电时间。无疑停电时间短对用户电动机自启动是有利的，但是停电时间过短，电动机残压可能较高，当备自投装置动作时，可能会产生过大的冲击电流和冲击力矩，导致对电动机的损伤。铜通常备自投装置的动作时间以 1 ~ 1.5s 为宜。

7）备自投装置只允许动作一次。当工作电源失压，备自投装置动作后，若继电保护装置再次动作，又将备用电源断开，说明可能存在永久性故障。因此，不允许再次投入备用电源，以免多次投入到故障元件上，对系统造成不必要的冲击。微机型备自投装置可以通过逻辑判断来实现只动作一次的要求。

3.3.2 微机型备自投方式及原理

备自投装置主要用于 110kV 及以下的电网中，主要有变压器低压侧的备自投、内桥断路器的备自投和线路的备自投 3 种方案，每一种接线方案中又有几种运行方式。

（1）变压器低压侧的备自投

主变压器低压母线及分段断路器的主接线如图 3-7 所示。

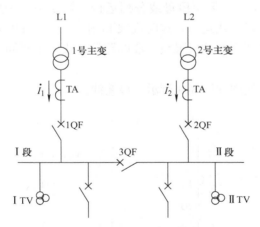

图 3-7　主变压器低压母线及分段断路器的主接线

1）暗备用自投方案。1 号主变压器和 2 号主变压器互为暗备用，当 1 号、2 号主变压器同时运行，两台主变压器各带一段母线，而 3QF 断开作为自投断路器。

当 1 号主变压器故障保护跳开 1QF 时，或者 1 号主变压器高压侧失压时，均引起低压母线 I 段失压，同时 i_1 无电流，而低压母线 II 段有电压。即跳开 1QF 合上 3QF，保证了对 I

段母线的连续供电。自投动作的条件是：Ⅰ段母线失压，I_1 无电流，Ⅱ段母线有电压，1QF 确已断开。检查 I_1 无电流是为了防止Ⅰ母 TV 二次断线引起的误动。

当 2 号主变压器故障保护跳开 2QF 时，或者 2 号主变压器高压侧失压时，引起Ⅱ段母线失压，I_2 无电流，而Ⅰ段母线有电压时，即跳开 2QF 合上 3QF。自投动作的条件是：Ⅱ段母线失压，I_2 无电流，Ⅰ段母线有电压，2QF 确已断开。

2）明备用自投方案。一台主变压器运行，另一台主变压器为备用。母线分段断路器 3QF 闭合，由运行的变压器带两段母线运行，备用变压器低压侧的断路器断开作为自投断路器。此方案有两种运行方式。

运行方式一：1 号主变压器运行，2 号主变压器备用。若 1 号主变压器故障，保护跳开 1QF，或者 1 号主变压器高压侧失压，均引起低压母线失压，同时 I_1 无电流。即跳开 1QF 合上 2QF，由 2 号主变压器供电，保证了对低压母线的连续供电。

运行方式二：2 号主变压器运行，1 号主变压器备用。当 2 号主变压器运行，1 号主变压器备用时，若 2 号主变压器故障，保护跳开 2QF，或者 2 号主变压器高压侧失压，均引起低压母线失压，同时 I_2 无电流。即跳开 2QF 合上 1QF，由 1 号主变压器供电。

（2）内桥断路器的备自投

内桥断路器备自投方案的主接线图如图 3-8 所示。

1）明备用的自投方案。运行方式一：断路器 1QF、3QF 在合位，2QF 在分位，进线 L1 带两段母线运行，进线 L2 是备用电源，2QF 是备用断路器。自投条件是：Ⅰ母线失压，线路的 I_1、I_2 无电流，线路 L2 有电压，断路器 1QF 确已断开，此时合上断路器 2QF。运行方式二：断路器 2QF、3QF 在合位，1QF 在分位时，进线 L2 带两段母线运行，进线 L1 是备用电源，1QF 是备用断路器。自投条件是：Ⅱ母线失压，线路的 I_1、I_2 无电流，线路 L1 有电压，断路器 2QF 确已断开，此时合上断路器 1QF。

2）暗备用的自投方案。如果两段母线分列运行，桥断路器 3QF 在分位，而 1QF、2QF 在合位，两条进线各带一段母线运行。这时进线 L1 和 L2 互为备用电源，这是暗备用的接线方案。这种暗备用方案与变压器低压母线分段断路器自投方案相同。

（3）线路的备自投

线路的备自投方案接线图如图 3-9 所示。该接线是单母线方式，一般在城网的末端变电

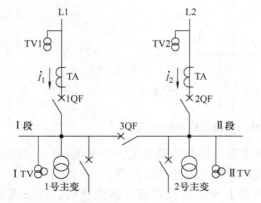

图 3-8　内桥断路器备自投方案主接线图

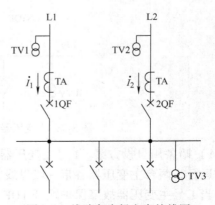

图 3-9　线路备自投方案接线图

站和农网变电站中普遍采用。有两个电源向母线供电。正常运行中两条线路 L1、L2 中仅一条线路供电，另一条线路作为备用。断路器 1QF 和 2QF 只有一个在合位，另一个在分位。当母线失压，备用线路有电压，且 I_1（I_2）无电流时，即可跳开 1QF（2QF），合上 2QF（1QF）。该方案的自投条件是：母线失压，线路 L2（L1）有电压，线路 I_1（I_2）无电流，1QF（2QF）确实已断开，此时合上 2QF（1QF）。

3.3.3 备用电源自动投入装置的动作逻辑

备自投装置必须根据运行模式确定其动作逻辑。为保证每次动作的稳定性和可靠性，备自投装置应具有能检测主电源电压、备用电源电压、母线电压、电源进线和母联断路器状态等功能，才能保证动作逻辑的正确性。为了提高可靠性，防止因电压互感器断线造成误动作，必须加入无电流检测。

备自投的动作逻辑一般包括充电条件、闭锁条件、动作条件、动作过程和供电恢复过程 5 部分。

1）充电条件：要求系统运行状态稳定在一个正常的供电方式，并持续一定时间（10～15s），则认为充电成功，允许备自投动作。

2）闭锁条件：在检测到备用电源无压或有故障电流或人工操作等情况下，不允许备自投动作（也不允许充电）。

3）动作条件：在已充电的情况下，若主电源失电并确认已无压而备用电源有压，且经过一定的延时后，则备自投装置动作。

4）动作过程：在满足动作条件后，经确认原主电源断路器已断开，且断路器分闸到位后，方可合备用电源进线断路器。

5）供电恢复过程：在有主电源、备用电源的备自投方式下，备自投动作之后，当主供电电源恢复后，则应断开备用电源进线断路器，闭合主供电源断路器，恢复主供电方式。供电恢复过程同样需要满足一定充电条件、动作条件和动作过程。

对于有压与无压的准确检测、判别是备自投装置可靠正确动作的基础。判别有压与无压时的判据应取为：三相均无电压且进线无电流称为"无压"；三相中只要有一相有电压则为"有压"。对应"无压"的低电压定值一般整定为 0.15～0.3 倍额定电压；"有压"的电压定值一般整定为 0.6～0.7 倍额定电压。

微机备用电源自动投入装置由于智能化程度高，综合功能强，体积小，根据需要输入必要的模拟量和开关量，可以满足正确判别"无压""有压"的要求，正确实现备自投的功能。而且很容易扩展保护功能，当备用进线或母线投入运行后，备自投装置可以对其进行保护。

微机型备用电源自投装置的硬件结构框图如图 3-10 所示。

外部电流和电压输入经变换器隔离变换后，由低通滤波器输入至 A - D 转换器，经过 CPU 采样和数据处理后，由逻辑程序完成各种预定的功能。

这是一个单 CPU 系统。由于备用电源自投的功能并不是很复杂，为简单起见，采样、逻辑功能及人机接口均由同一个 CPU 完成。由于备用电源自投对采样速度要求不高，因此，硬件中 A - D 转换器可以不采用 VFC 类型，宜采用普通的 A - D 转换器。开关量输入/输出仍要求经光隔处理，以提高抗干扰能力。

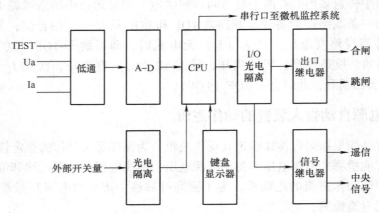

图 3-10 微机型备用电源自投装置的硬件结构框图

3.4 输电线路自动重合闸装置（ARC）

3.4.1 输电线路自动重合闸的作用和分类

1. 自动重合闸装置（简称为 ARC）在电力系统中的作用

在电力系统中，架空输电线路最容易发生故障，装设自动重合闸装置正是提高输电线路供电可靠性的有力措施。

输电线路的故障按其性质可分为瞬时性故障和永久性故障两种。瞬时性故障主要是由雷电引起的绝缘子表面闪络、线路对树枝放电、大风引起的短时碰线、通过鸟类身体的放电等原因引起的短路。这类故障由继电保护动作断开电源后，故障点的电弧自行熄灭，绝缘强度重新恢复，故障自行消除。此时，若重新合上线路断路器，就能恢复正常供电。而永久性故障，如倒杆、断线、绝缘子击穿或损坏等，在故障线路电源被断开之后，故障点的绝缘强度不能恢复，故障仍然存在，即使重新合上断路器，又要被继电保护装置再次断开。运行经验表明，输电线路的故障大多是瞬时性故障，约占总故障次数的 80%～90%。因此，若线路因故障被断开之后再进行一次合闸，其成功恢复供电的可能性是相当大的。而 ARC 就是将被切除的线路断路器重新自动投入的一种自动装置。

采用 ARC 后，如果线路发生瞬时性故障时，保护动作切除故障后，重合闸动作，能够恢复线路的供电；如果线路发生永久性故障时，合闸动作后，继电保护再次动作，使断路器跳闸，重合不成功。根据多年来运行资料的统计，输电线路 ARC 的动作成功率（重合闸成功的次数/总的重合次数）一般可达 60%～90%。可见采用自动重合闸装置来提高供电可靠性的效果是很明显的。

输电线路上采用自动重合闸装置的作用可归纳如下。

1）提高输电线路供电可靠性，减少因瞬时性故障停电造成的损失。

2）对于双端供电的高压输电线路，可提高系统并列运行的稳定性，从而提高线路的输送容量。

3）可以纠正由于断路器本身机构不良或继电保护误动作而引起的误跳闸。

由于 ARC 带来的效益可观，而且本身结构简单，工作可靠，因此，在电力系统中得到了广泛的应用。规程规定："1kV 及以上的架空线路和电缆与架空混合线路，在具有断路器的条件下，应装设 ARC"。但是，采用 ARC 后，对系统也会带来不利影响，当重合于永久性故障时，系统再次受到短路电流的冲击，可能引起系统振荡。同时，断路器在短时间内连续两次切断短路电流，使断路器的工作条件恶化。因此，自动重合闸的使用有时受系统和设备条件的制约。

2. 对 ARC 的基本要求

1）ARC 动作应迅速。为了尽量减少对用户停电造成的损失，要求 ARC 动作时间越短越好。但 ARC 动作时间必须考虑保护装置的复归、故障点去游离后绝缘强度的恢复、断路器操动机构的复归及其准备好再次合闸的时间。

2）手动跳闸时不应重合。当运行人员手动操作控制开关或通过遥控装置使断路器跳闸时，属于正常运行操作，自动重合闸不应动作。

3）手动合闸于故障线路时，继电保护动作使断路器跳闸后，不应重合。因为在手动合闸前，线路上还没有电压，如果合闸到已存在故障的线路，则多为永久性故障，即使重合也不会成功。

4）ARC 宜采用控制开关位置与断路器位置不对应的原理启动。即当控制开关在合闸位置而断路器实际上处在断开位置的情况下启动重合闸。这样，可以保证无论什么原因使断路器跳闸以后，都可以进行自动重合闸。当由保护启动时，分相跳闸继电器相应的常开触点闭合，启动重合闸启动继电器，通过重合闸启动继电器的常开触点启动 ARC。

5）只允许 ARC 动作一次。在任何情况下（包括装置本身的元件损坏以及继电器触点粘住或拒动），均不应使断路器重合多次。因为，当 ARC 多次重合于永久性故障后，系统遭受多次冲击，断路器可能损坏，并扩大事故。

6）ARC 动作后，应自动复归，准备好再次动作。这对于雷击机会较多的线路是非常必要的。

7）ARC 应能在重合闸动作后或重合闸动作前，加速继电保护的动作。重合闸前加速用于单侧电源辐射形电网中，重合闸装于靠近电源侧，前加速保护用于 35kV 及以下不太重要的直配线上。后加速是指各段线路装有选择性的保护，当重合闸重合于永久性故障时，利用重合闸的动作信号加速线路保护动作切除故障，后加速用于 35kV 及以上的电力系统中。ARC 与继电保护相互配合，可加速切除故障。ARC 还应具有手动合于故障线路时加速继电保护动作的功能。

8）ARC 可自动闭锁。当断路器处于不正常状态（如气压或液压降低、开关未储能等）不能实现自动重合闸时，或某些保护动作（如自动按频率减负荷装置、母差保护动作）不允许自动合闸时，应将 ARC 闭锁。

3. ARC 的分类

ARC 的类型很多，根据不同特征，通常可分为如下几类。

1）按作用于断路器的方式，可以分为三相 ARC、单相 ARC 和综合 ARC 3 种。

2）按作用的线路结构可分为单侧电源线路 ARC、双侧电源线路 ARC。双侧电源线路 ARC 又可分为快速 ARC、非同期 ARC、检定无压和检定同期的 ARC 等。

本节将重点介绍单侧电源线路的三相一次 ARC。

3.4.2　单侧电源线路的三相一次自动重合闸装置的原理

单侧电源线路只有一侧电源供电，不存在非同步重合的问题，ARC 装于线路的送电侧。在我国的电力系统中，单侧电源线路广泛采用三相一次重合闸方式。所谓三相一次重合闸方式是指不论在输电线路上发生相间短路还是单相接地短路，继电保护装置动作，将三相断路器一齐断开，然后，重合闸装置动作，将三相断路器重新合上的重合闸方式。当故障为瞬时性时，重合成功；当故障为永久性时，则继电保护再次将三相断路器一齐断开，不再重合。

三相一次重合闸启动方式有保护启动和位置不对应启动两种。不对应起动方式的优点：简单可靠，还可以纠正断路器误碰或偷跳，可提高供电可靠性和系统运行的稳定性，在各级电网中具有良好运行效果，是所有重合闸的基本起动方式。其缺点是当断路器辅助触点接触不良时，不对应起动方式将失效。保护起动方式是不对应起动方式的补充。同时，在单相重合闸过程中需要进行一些保护的闭锁，逻辑回路中需要对故障相实现选相固定等，也需要一个由保护起动的重合闸起动元件。其缺点是不能纠正断路器误动。图 3-11 所示为三相一次重合闸逻辑原理框图。KCT 是断路器跳闸位置继电器。

1）重合闸准备回路。为保证一次性重合闸，重合闸必须在充电完成后才能工作。重合闸充电在正常运行时进行，重合闸投入、无跳闸位置 KCT，无 TV 断线或虽有 TV 断线但控制字 "TV 断线闭锁重合闸" 置 "0"，经 15s 后充电完成。

KCT 不动作开放 M1，当断路器在合后位置，启动元件不启动，说明在正常运行状态，M1 动作，启动充电回 T_{cd}，T_{cd} 时间为 15s，经 T_{cd} 后，重合闸准备好合闸。

当 TV 断线（TV 断线闭锁重合闸控制字投入）、重合闸退出、外部闭锁重合闸动作时至 M2，M2、控制回路断线、重合闸动作由 M3 对 T_{cd} 放电。

合闸压力继电器动作时，经 400ms 延时，如果保护或断路器不动作经 M5 至 M7，三相均无电流时则经 M4 至 M3 对 T_{cd} 放电。

2）合闸过程。重合闸由独立的重合闸启动元件来启动，当保护跳闸后或断路器偷跳均可启动重合闸。重合闸方式可选用检线路无压母线有压重合、检母线无压线路有压重合、检线路无压母线无压重合、检同期重合，也可选用不检而直接重合闸方式。

检线路无压母线有压时，检查线路电压小于 30V 且无线路电压断线，同时三相母线电压均大于 40V 时，检线路无压母线有压条件满足，而不管线路电压用的是相电压还是相间电压。

检母线无压线路有压时，检查三相母线电压均小于 30V 且无母线电压断线，同时线路电压均大于 40V 时，检母线无压线路有压条件满足。

检母线无压线路无压时，检查三相母线电压均小于 30V 且无母线电压断线，同时线路电压小于 30V 且无线路电压断线时，检母线无压线路无压条件满足。

检同期时，检查线路电压和三相母线电压均大于 40V 且线路电压和母线电压间的相

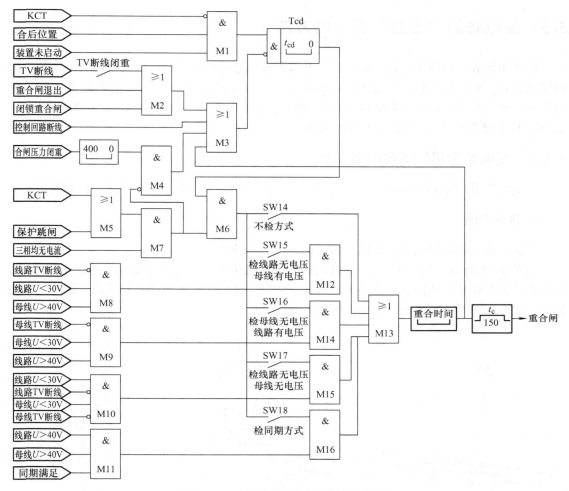

图 3-11 三相一次重合闸逻辑原理框图

位在整定范围内时，检同期条件满足。正常运行时测量 U_x 与 U_u 之间的相位差，与定值中的固定角度差定值比较，若两者的角度差大于 10°，则经 500ms 报"角差整定异常"告警。

重合闸条件满足后经整定的重合闸延时发重合闸脉冲 150ms。其动作过程如下：保护跳闸或 KCT 动作表明断路器跳闸，如果三相均无电流则 M7 动作至 M6。然后，如为检同期方式，SW18 合上，则要求线路和母线 $U > 40$V 均动作，且同期检查动作有信号，则 M11 动作至 M16。如为检线路无压母线无压方式，SW17 合上，则要求线路和母线 $U < 30$V 均动作且线路和母线 TV 断线均不动作，则 M10 动作至 M15。如为检母线无压线路有压方式，SW16 合上，则要求母线 $U < 30$V 且母线 TV 断线不动作，同时线路 $U > 40$V 有动作信号，则 M9 动作至 M14。如为检线路无压母线有压方式，SW15 合上，则要求线路 $U < 30$V 且线路 TV 断线不动作，同时母线 $U > 40$V 有动作信号，则 M8 动作至 M12。如果为不检方式，在 SW14 合上，直接至 M13，M13 动作启动两个时间，经重合闸时间延时经 M3 至 T_{cd}，使 T_{cd} 放电；t_c 为合闸脉冲展宽时间，为 150ms，至合闸回路。

3.5 变电站的"五防"实现的方法

防误闭锁装置的作用是防止误操作，凡有可能引起误操作的高压电气设备，均应装设防误闭锁装置。防误闭锁装置应实现以下功能（简称为五防）：防止误分、合断路器；防止带负荷拉、合隔离开关；防止带电挂（合）地线（接地刀开关）；防止带地线（接地刀开关）合断路器（隔离开关）；防止误入带电间隔。

3.5.1 变电站常用的防误闭锁装置

变电站常用的防误闭锁装置有：机械闭锁、电气闭锁、电磁闭锁、程序锁、微机闭锁等。

1. 机械闭锁

机械闭锁是靠机械结构制约而达到闭锁目的的一种闭锁装置。

如图 3-12 所示，当开关处于合闸状态时，CD 机构的 1 电动操作机构的脱扣连杆通过 2 杠杆传动到 7 转轴，从而将 3 联锁把手顶住，使得连锁把手不能转动刀开关的 5 定位销不能拔出，这样，刀开关被 5 定位销锁住不能进行操作。

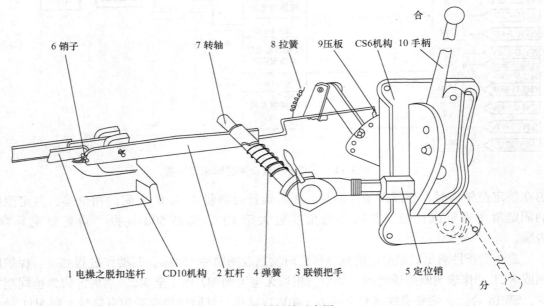

图 3-12　机械闭锁示意图

机械闭锁只能在隔离开关与本处的接地开关或者是在断路器与本处的隔离开关间实现闭锁，如果与其他断路器或其他隔离开关实现闭锁，使用机械闭锁就难以实现。为了解决这一问题，常采用电磁闭锁和电气闭锁。

2. 电气闭锁

电气闭锁是利用断路器、隔离开关的辅助触头，接通或断开电气操作电源，从而达到闭锁目的的一种闭锁装置，普遍应用于断路器与隔离开关、电动隔离开关与电动接地开关闭锁上。

如图 3-13 所示，隔离手车行程开关（11LX）与被联锁的 1QF 断路器合闸回路串联，此时进行手动合闸 1KK 接点接通，合闸回路被接通的，该断路器才能合闸，当隔离开关手车离开工作或实验位置，碰块即脱离行程开关（即 11LX 复位），合闸回路被切断，同时分闸回路被接通，该断路器立即分闸且不能被再合闸。

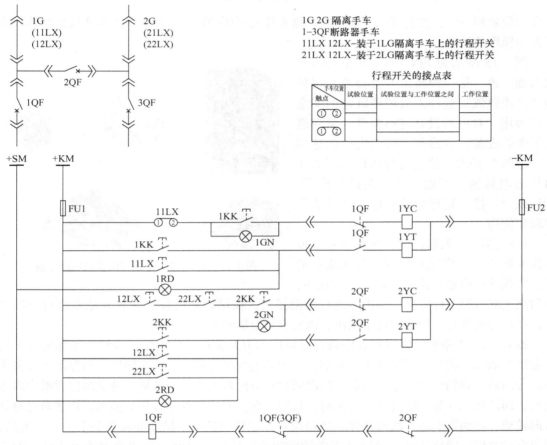

图 3-13　断路器与串联使用的隔离手车电气连锁控制原理参考图（GBC－40.5 手车式高压开关柜）

3. 电磁闭锁

电磁闭锁是利用断路器、隔离开关和设备网门等设备的辅助触点，接通或断开隔离开关、设备网门的电磁锁电源，从而达到闭锁目的的一种闭锁装置。

如图 3-14 所示，当有关断路器（1QF、2QF、3QF）处于合闸状态的，装于隔离手车操作手柄上的电磁锁（DS）回路将被反应有关断路器位置的辅助开关（QF）的常闭接点所切断，电磁锁（DS）线圈失去电源，电磁锁轴销紧锁在 CS6 机构的锁孔内，从而保证了处于工作或实验位置的隔离手车不能被拉动。

4. 程序锁

电气防误程序锁（以下简称为程序锁）具有"五防"功能，程序锁的锁位与电气设备

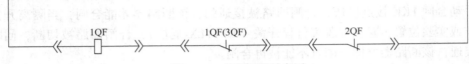

图 3-14　电磁闭锁示意图

的实际位置相一致，控制开关、断路器、隔离开关利用钥匙随操作程序传递或置换而达到先后开锁操作的目的。

图 3-15 所示为 JSN（W）1 系列防误机械程序锁，是一种高压开关设备专用机械锁。该锁强制运行人员按照既定的安全操作程序，对电器设备进行操作，从而避免了电器设备的误操作，较为完善的达到了"五防"要求。使用过程中设有可以开启任何锁具的总钥匙，以备在设备出厂、调试或设备投入运行后的带电工作等非程序操作使用。

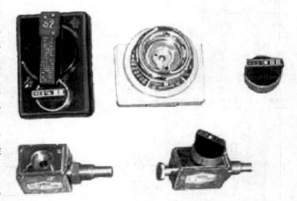

图 3-15　JSN（W）1 系列防误机械程序锁

JSN（W）1 系列防误机械程序锁可以作为控制开关锁取代原控制开关面板和把手，将程序钥匙插入锁具面板下部的孔中，然后插上红牌顺时针方向转动把手进行合闸操作，换绿牌逆时针方向转动把手进行分闸操作，在预分位置时，程序钥匙不取出，该锁有紧急解锁装置（白牌）。

JSN（W）1 系列防误机械程序锁也可以作为刀开关锁，分闸时：将钥匙在标有合字的位置槽处插入，钥匙向顺时针方向转动，使钥匙上的刻线对齐。拔出锁销，操作隔离开关手柄。分闸后，锁销自动复位，钥匙继续向顺时针方向转动到位，从标有分字的位置槽中取出钥匙，即锁住。与分闸时对齐。合闸时，将钥匙在标有分字的位置槽处插入，钥匙向逆时针方向转动，使钥匙上的刻线与锁体上的刻线对齐。拔出锁销，操作隔离开关手柄。合闸后，锁销自动复位，钥匙继续向逆时针方向转动到位，从标有合字的位置槽中拔出钥匙，即锁住。与合闸时对齐。

JSN（W）1 系列防误机械程序锁作为柜网门锁时，开门操作，将钥匙插入网门锁的锁孔中，钥匙向顺时针方向转动到位，取出钥匙开网门。关门操作，将钥匙插入网门锁的锁孔中，关好门，钥匙向逆时针方向转动到位，取出钥匙即锁住网门。

除控制开关锁外，其他锁体上，每套锁都有其操作顺序序号。即用钢印打上 1、2、3、4（分闸顺序），按此顺序分闸或按 4、3、2、1 顺序合闸即可。

5. 微机闭锁

微机型防误操作闭锁装置（计算机模拟盘）是由计算机模拟盘、计算机钥匙、电编码开锁、机械编码锁几部分组成。微机型防误操作闭锁装置，可以检验和打印操作票，能对所有一次设备的操作强制闭锁，具有功能强、使用方便、安全简单、维护方便的优点。

此装置以计算机模拟盘为核心设备，在主机内预先储存所有设备的操作原则，模拟盘上所有的模拟原件都有一对触头与主机相连。当运行人员接通电源在模拟盘上预演操作时，微机就根据预先储存好的操作原则，对每一项操作进行判断，如果操作正确发出表示正确的声音信号，如果操作错误则通过显示器显示错误操作项的设备编号，并发出持续的报警声，直至将错误操作项复位为止。预演结束后（此时可通过打印机打印操作票），通过模拟盘上的传输插座，可以将正确的操作内容输入计算机钥匙中，然后到现场用计算机钥匙进行操作。操作时，运行人员根据计算机钥匙上显示的设备编号，将计算机钥匙插入相应的编码锁内，通过其探头检测操作的对象（编码锁）是否正确。若正确，计算机钥匙闪烁显示被操作设备的编号，同时开放其闭锁回路或机构，就可以进行操作了，此时，计算机钥匙自动显示下一项操作内容。若走错间隔开锁，计算机钥匙发出持续的报警，提醒操作人员，编码锁也不能够打开，从而达到强制闭锁的目的。

使用计算机模拟盘闭锁装置，必须保证模拟盘与现场设备的实际位置完全一致，这样才能达到防误装置的要求，起到防止误操作的作用。

图 3-16 为南瑞继保电气公司的 RCS－9200 型微机五防系统结构配置图。根据现场的实际情况对电气设备在其操作机构上或电气操作回路中安装防误锁具，不允许非法的和不符合电气操作规程的操作动作发生。该锁具有其唯一的编码序号，并且可以向计算机钥匙提供编码信号和所监视设备的工作状态。其次在系统后台主机上将一次系统的电气设备和其相对应的锁具编号通过数据库关联起来，在进行电气设备的操作之前主机通过采集 RTU 或综合自动化的实时遥信信息，以及原先计算机钥匙返送的一次设备信息，使主机的五防图与现场电气设备的实际状态保持一致。在这个基础之上操作人员根据操作任务的要求在五防图上模拟操作过程（见图 3-17），主机软件自动利用规则库对每一步骤操作检验其合理性，如果违反操作规程，主机立即报警，如果符合操作规程则生成一步操作票。每步有效操作票的内容（不含提示性操作）有动作形式、操作对象、操作结果、锁的编号或其他提示性的内容。在模拟结束后自动生成完整的操作票供查阅、打印。然后传送给计算机钥匙。操作人员用下载了操作票的计算机钥匙，到现场按照它的各种文字提示按正确顺序和锁号打开锁具，然后再将相应的设备操作到所要求的位置，检查电气设备的最终位置满足操作任务的要求时才能进入下步操作，直至完成整个操作任务。

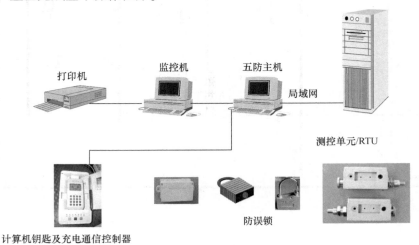

图 3-16　RCS－9200 型微机五防系统结构配置图

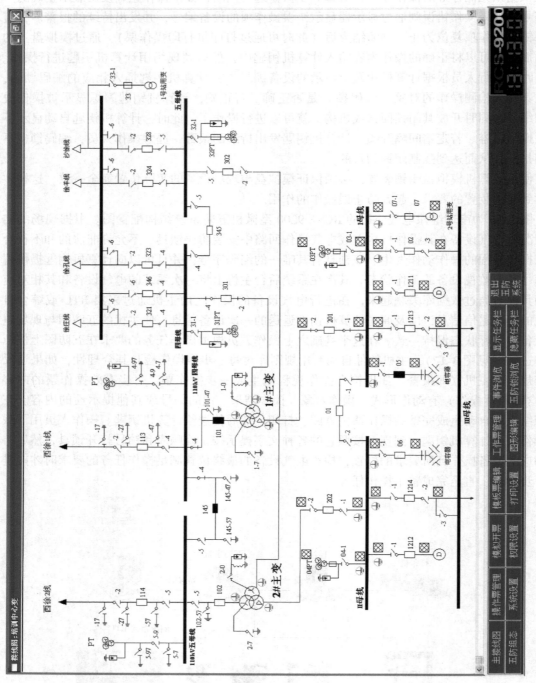

图3-17 RCS-9200互防机的运行界面

五防闭锁操作流程如图 3-18 所示。

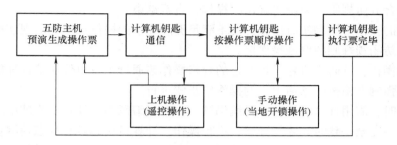

图 3-18　五防闭锁操作流程

五防闭锁操作过程分为两步：操作票预演生成和实际闭锁操作。

操作票预演生成（见图 3-19）：《电力系统安全运行规程》中明确规定：电气倒闸操作时必须填写倒闸操作票，并进行操作预演。正确无误后，操作人在监护人的监护下严格按所开的倒闸操作票操作。开出符合五防闭锁规则的倒闸操作票是防误操作的基础。

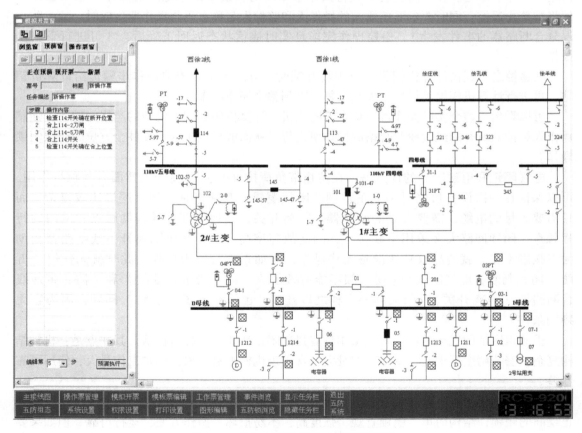

图 3-19　RCS－9200 五防模拟操作界面

RCS－9200 五防系统事先将系统参数、元件操作规则、电气防误操作接线图（简称为五防图）存入五防主机中，当操作人员在五防图上进行操作预演时，系统会根据当前实际运行状态检验其预演操作是否符合五防规则。若操作违背了五防规则，系统将给出具体的提示信息；若符合五防规则，系统将确认其操作，直至结束。

基于元件的操作规则和实时信息，使不满足五防要求的操作项不能出现在操作票中，从而开出满足五防闭锁规则的倒闸操作票。

实际闭锁操作：五防主机将已校验过的合格操作票通过串行口传送给计算机钥匙，全部实际操作将被强制严格按照预演生成的操作票步骤进行。

现场操作时，需用计算机钥匙去开编码锁，只有当编码锁与计算机钥匙中的执行票对应的锁号与锁类型完全一致时，才能开锁，进行操作。计算机钥匙具有状态检测功能，只有当真正进行了所要求的操作，钥匙才确认此项操作完毕，可以进行下一项操作。这样就将操作票与现场实际操作一一对应起来，杜绝了误走间隔、空操作事故的发生，保证现场操作的正确性。

操作人员在操作到应该上机操作或现场操作完毕时，计算机钥匙将向五防主机汇报操作情况。五防主机根据计算机钥匙上送的操作报文，结合正执行的操作票，判断是否该进行上机遥控操作。若是，在五防主机上执行操作票项所对应设备的指定遥控操作（选错操作元件将被禁止遥控，同时要求遥控输入的操作人和监护人名称密码与操作票生成时一致，防止误分合断路器的事件发生）。遥控操作完毕且实时遥信状态返回正确后，才可进行下一步操作。

在遥控之后还需计算机钥匙进行现场开锁时，五防主机将当前操作步骤传给计算机钥匙，再进行计算机钥匙的操作。如此反复，直到整个操作结束。

可以看出，整个实际操作过程均在五防主机、计算机钥匙和编码锁的严格闭锁下，强制操作人员按照所开的经过校验合格的操作票进行，从而能够达到软、硬件全方位的防误闭锁操作。

电气闭锁和电磁闭锁的优点是：在防止带负荷拉（合）隔离开关方面有其独特作用，可以保证在一次设备检修时仍能正常判断闭锁逻辑。其缺点是：闭锁逻辑比较复杂，而且需要大量的电缆，需要大量的断路器、隔离开关、接地刀开关的辅助触点和网门的行程触点，闭锁回路大多采用串联接法，因此故障率高，一旦某个隔离开关或断路器辅助触点接触不良，就会导致其他设备无法操作，而如果进行解锁操作，此时就无任何"五防"闭锁判断，电气闭锁和电磁闭锁不能有效解决"防止带电挂地线"和"防止带地线合断路器（隔离开关）"两大问题，辅之以挂锁，也解决不了"五防"问题，因为它无判别条件。

机械程序锁的优点是：对就地操作具有强制闭锁功能，工程造价低。其缺点是：机械结构复杂，安装精度要求高，调试工作量大，常出现机械卡滞现象；维护工作量大，使用可靠性差。

机械闭锁用于主隔离开关与其所设接地刀开关间的闭锁，具有强制闭锁功能，可以实现正反向的闭锁，结构简单，闭锁直观，强度高，不易损坏，操作方便，运行可靠。但如果要实现断路器及其他隔离开关与相关接地刀开关间的闭锁，机械闭锁就无法做到了。

微机"五防"装置的优点：保证了运行操作的安全性，功能强。微机"五防"装置除了具备传统装置的功能外，还解决了"防止带电挂地线"和"防止带地线合断路器（隔离开关）"两大问题。当电动隔离开关的电气操作回路故障须进行手动操作时，还可以通过其机械编码锁验证正确，保证其操作经过"五防"判断。采用编码锁，电气回路的设计简化，节省电缆。其缺点是：当该"五防"机故障时，全站的"五防"功能受到影响，另外必须有可供安装编码锁的位置，因此对开关柜内部的闭锁要由开关柜本身来完成。

随着自动化程度的不断提高，有的变电站可以在后台机上进行电动隔离开关的遥控操作，但控制命令是由"遥控"继电器发出的，因此如果电动隔离开关的操作电气回路中无任何电气闭锁，一旦遥控继电器触点击穿，不可避免地会导致带负荷拉（合）隔离开关、带地线合隔离开关的后果，因此必须坚持微机"五防"与电气闭锁相结合的方法，取得完善的防误效果。

3.5.2　变电站防误闭锁装置的运行

1. 防误装置的检查

1）检查防误装置交、直流电源正常。

2）核对模拟盘与设备实际位置对应。

3）检查微机防误装置计算机钥匙充电状态良好，不用时应及时充电，要远离热源，注意防水、防潮、防挤压。

4）检查微机防误装置的主机运行良好，与监控系统通信良好。

5）检查防误装置的防尘、防蚀、防干扰、防异物开启措施完好，户外的防误装置还应防水、耐低温，锁具无锈蚀，闭锁状态良好。

6）检查解锁钥匙的封条应完好。

7）检查机械锁钥匙齐全。

8）检查接地桩完好。

2. 防误装置的运行规定

（1）一般运行规定

1）防误装置正常情况下严禁解锁或退出运行。防误装置的解锁工具（钥匙）或备用解锁工具（钥匙）应封存保管，且必须有专门的保管和使用制度。

2）防误装置整体停用应经本单位总工程师批准，才能退出，并报有关主管部门备案。同时，要采取相应的防止电气误操作的有效措施，并加强操作监护。

3）运行值班人员（或操作人员）及检修维护人员应熟悉防误装置的管理规定和实施细则，做到"三懂二会"（懂防误装置的原理、性能、结构；会操作、维护）。

4）防误装置主机不能和办公自动化系统合用，严禁与互联网互联。

5）采用计算机监控系统时，远方、就地操作均应具备电气"五防"闭锁功能。

6）防误装置的检修工作应与主设备的检修项目协调配合，定期检查防误装置的运行情况，并做好记录。防误装置检修、调试必须办理工作票。

7）微机防误闭锁装置现场操作通过计算机钥匙实现，操作完毕后，要将计算机钥匙中当前状态信息返回给防误装置主机进行状态更新，以确保防误装置主机与现场设备状态的一致性。

8）计算机监控系统的防误闭锁功能，应具有所有设备的防误操作规则，并充分应用监控系统中电气设备的闭锁功能实现防误闭锁。

（2）解锁规定

1）防误装置及电气设备出现异常要求解锁操作时，应由设备所属单位的运行管理部门防误装置专责人到现场核实无误，确认需要解锁操作，经专责人同意并签字后，由变电站值班员报告当值调度员，方可解锁操作。单人操作、检修人员在倒闸操作过程中严禁解锁。如需解锁，应待增派运行人员到现场后，履行批准手续后处理。

2）当设备发生异常进行解锁操作时，只有特定操作项目可以解锁。例如断路器在运行中由于气压、油压降低等情况闭锁分闸时，通过改变运行方式（转代、倒母线、停上一级电源）将其停运，拉开两侧隔离开关需解锁操作，只有这两项操作使用解锁钥匙，其他操作仍要使用防误闭锁装置。

3）电气设备检修时需要对检修设备解锁操作，应经变电站站长批准，做好相应的安全措施，在专人监护下进行。

4）若遇危及人身、电网和设备安全等紧急情况需要解锁操作，可由变电站当值负责人下令紧急使用解锁工具（钥匙），并由变电站值班员报告当值调度员，记录使用原因、日期、时间、使用者、批准人姓名。

5）微机防误装置有"跳步"钥匙的，"跳步"钥匙按解锁钥匙管理使用。

（3）万能钥匙的使用与保管

解锁钥匙应封存保管。解锁钥匙的使用应实行分级管理，严格履行审批手续。

解锁钥匙只能在符合下列情况并按权限经批准后方可开封使用：

1）防误闭锁装置失灵确认操作无误时，并增设第二监护人。

2）紧急事故处理（如人身触电、火灾、不可抗拒自然灾害）时使用。

3）变电站已全停电，确认无误操作的可能，按规定使用。

4）领导批准的特殊操作。

万能钥匙的保管。

1）万能钥匙各单位应有两把，一把在主控室由各值班长保管，存放在固定位置，并按值移接。另一把是备用钥匙，放在站长或运行班长处，只有当主控室的万能钥匙损坏时方可使用。万能钥匙应用生产部统一发放的纸袋封存，封口用注明封存日期、所名、联锁编号及带有编号的封条封好，并由站长或运行值班长盖章。

2）万能钥匙启封使用，应由使用人详细记录在万能钥匙使用记录簿内，记录内容为使用时间、原因、操作项目、批准人、操作人等。

3）启封使用后的万能钥匙，应立即交由万能钥匙负责人封存，并做好记录，放至固定位置。

3. 防误装置的运行维护

（1）防误装置的运行维护内容

1）模拟盘及闭锁程序应随运行方式的改变或运行设备的变更，根据被闭锁设备要求及时更改。

2）定期试开机械编码锁，检查机械锁及其套件的闭锁情况是否良好，保证上锁和解锁顺利。如有损坏，应及时更换，更换时注意新锁编码、编号与原锁编码、编号一致。

3）应定期对编码锁进行对位操作，以验证锁的编码、编号及挂锁位置的正确性。

4）每年春、秋检之前对防误闭锁装置进行一次全面的检查和维护，发现问题及时处理。

（2）防误装置运行维护注意事项

1）维护人员在工作期间严禁操作断路器和隔离开关。

2）逻辑闭锁程序的开发应由较高业务水平的人员，配合维护负责人完成，并及时备份。闭锁程序应由生产技术部门审核通过后，才能使用。

3）综自站在"五防"系统维护期间应断开"五防"机与后台机之间的通信接口。

4. 微机防误装置常见异常及处理

1）计算机钥匙打开电源开关出现字迹不清的情况，应及时更换电池。

2）计算机钥匙电源刚打开就出现报警声，可能是触码头接触不好，用手指弹动一下触码头，直到报警声消失。

3）计算机钥匙长时间充电后，仍不能充满电，可能是电池老化损坏或充电装置损坏，检查后及时更换。

4）计算机钥匙不能接收从"五防"主机传出的操作票，可能的原因有：计算机钥匙未进入接收票状态；计算机钥匙与传输装置传输触点接触不良；通信传输装置损坏；主机串口损坏。查明原因后进行相应的处理。

5）计算机钥匙已经提示操作正确，仍不能打开编码锁，可能的原因有：电池电压不足；计算机钥匙内部开锁机构失灵；锁内部机构卡涩或被其他外部机构挡住；机械锁损坏。查明原因后进行相应的处理。

6）模拟预演时，正确的模拟操作微机模拟盘不能通过，可能是模拟盘对位有误或闭锁程序有错。

① 检查模拟盘上相关设备，如有不对应情况，先判断该设备是手动对位还是自动对位。对需手动对位的设备，退出模拟状态，进行对位后再重新模拟操作；对自动对位的设备不能正确反应实际位置时，应查明原因，检查通信回路有无问题，设备辅助触点接触是否良好。

② 如设备对位正确，应报告微机防误专责，由相关人员检查是否闭锁程序错误并进行相关处理。

7）操作项目正确，计算机钥匙提示错误操作，应检查编码锁编码片是否损坏或设备编码是否与闭锁程序中的编码一致。

8）操作完成后，计算机钥匙拒绝过码，无法执行下一步骤，应经值班负责人检查操作确实已经完成后，向主机回传设备状态，按实际运行方式设定设备状态，重新向计算机钥匙传送操作项目。

3.6 故障录波器

故障录波器是指电力系统中用来记录电网故障或异常时系统各点的电流、电压等模拟量，以及开关量（状态量）的动态变化过程的装置。

故障录波器装置是现代电网的重要设备，故障录波数据是评价继电保护动作行为及分析系统和设备故障的重要依据。现在广泛应用的微机录波器是以单片计算机或 DSP 数字处理器构成数据采集系统，以工控机为数据存储、管理、分析单元的自动故障记录装置。其特点是记忆功能强、存储容量大，能进行故障计时、故障类型判别、故障参数和事件顺序记录，能实现数据远传和便于进行后台分析。

故障录波装置按其用途可分为输电线路故障录波装置和主设备故障录波装置。目前，在电力系统中的故障录波可根据需要采用两种方式实现，一种是配置专用的故障录波装置，并利用就地监控系统的通信功能将结果及时传输给远方调度；另一种是由微机保护装置中的录波插件作录波记录及测距计算，将其结果传送至监控系统，由监控系统存储及打印波形。

故障录波器的作用有以下几点。

1）根据记录的电流、电压、保护装置状态（开关量）来分析继电保护及安全自动装置的动作行为是否正确。

2）根据系统故障时录波装置输出的故障测距结果，指导故障点查找。

3）根据系统故障时各元件电流、电压的变化分析变压器、断路器等元件的工作状态。

4）发生系统事故时，根据电力系统各个节点上传至调度端的故障录波分析报告，使调度人员迅速了解事故情况，加快事故处理进程。

5）可用于分析系统动态过程中各电参量的变化规律、校核电力系统计算程序及模型参数的正确性。

6）分析电力系统在故障、异常情况下的暂态过程和潮流，用于指导电力系统的建设和运行方式安排。

3.6.1 微机故障录波器

现代故障录波装置是由微机来实现的，是集故障动态记录、分析计算、结果输出于一体的专用成套装置，除了能记录所采集的录取量的实时动态变化过程外，还能根据记录的电流、电压、开关量，对有关元件的有功、无功、非周期分量、系统频率的变化及故障距离进行计算，并输出分析结果。微机录波器已有了采用嵌入式操作系统的机型，它可彻底消除长期运行中因操作系统损坏或感染病毒造成的死机、录波失败等问题。

1）微机故障录波器的后台软件功能有：显示运行状态；管理录波器的运行参数及启动定值；对录波数据进行分析计算；将录波数据及分析计算结果发送给故障信息管理系统。

2）故障录波器装置工作流程。在故障发生前，装置上所有表示运行的绿色发光二极管点亮，其他灯均不亮。假如接入某个或某几个 CPU 的参量满足了启动条件，则装置启动，这时装置所配备的所有 CPU 插件全部启动，装置会发出呼唤信号表现为各 CPU 插件上的"有报告"灯以及告警插件上的呼唤灯（call）均发亮（红色）。与此同时，后台机自动上电，并开始接收前置机送来的故障数据，这时，后台机的显示屏上会有说明、接收时间、故障情况、接收完毕，经运算和处理，自动给出故障分析的紧急制表输出。此时，可按自己的意愿操作计算机，如不再操作，则可按下屏面上的复归按钮，则后台机退电，同时，前置机呼唤灯熄灭。装置恢复正常运行状态。

其过程用框图表示，故障录波器装置工作流程框图如图 3-20 所示。

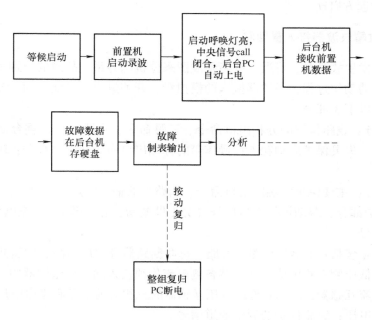

图 3-20　故障录波器装置工作流程框图

3.6.2　故障录波器应接入的录取量、启动量

一般在 110kV 枢纽变电站和 220kV 及以上变电站中，应安装故障录波装置。微机故障录波器的录入量有模拟量、开关量和高频量。模拟量包括所属电气设备的交流电流、电压、高频信号等。开关量包括所属电气设备保护动作与返回信号、断路器位置信号、重合闸动作信号、纵联保护收发信接点等。高频量主要包括高频通道信息。

微机故障录波装置采用故障启动方式，在接入的录波量中除高频信号外，所有信号均可以作为启动量来启动故障录波装置进行录波。

可以采用的启动量有以下几种。

1）相电压和零序电压突变量启动。

2）正序电压过压越限、欠压越限启动。

3）负序电压、零序电压越限启动。

4）频率过高、过低越限启动。

5）频率变化率启动。

6）1.5s 内电流变差 10% 启动。

7）相电流突变量启动。

8）相电流、负序电流、零序电流越限启动。

9）主变压器中性点电流越限启动。

10）开关量变位启动。

11）长期低电压、低频率启动。

12）高频信号。

13）手动或远方启动。

1. 220kV 故障录波器接入量回路

当电力系统发生故障时，可通过故障录波图来分析电力系统故障的类别和性质。为了能够全面分析保护的动作过程，录波器接入的模拟量、开关量应尽可能全面，220kV 录波器应接入开关量包括以下 3 部分。

1）线路部分：线路保护的分相出口命令、三跳命令、永跳命令、重合命令；收发信机的收信输出触点；失灵保护启动触点；操作箱的分相出口命令和重合命令；断路器的辅助触点等信号。

2）主变部分：主变保护的跳闸出口命令、断路器的辅助触点等信号。

3）母差保护部分：差动保护出口信号（分 I 母差动、Ⅱ 母差动）、充电保护出口信号、失灵启动触点信号。

应接入模拟量包括：220kV 线路、旁路、母联断路器及变压器高、中压侧三相电流和零序电流；变压器低压侧三相电流，变压器各侧电流量须接入同一台录波器中，且各侧电流宜取自主变套管电流互感器；220kV 母线电压互感器的三相对地电压和零序电压，且零序电压应取自开口三角电压；纵联保护的通信通道信号。

下面结合图 3-21 对 220kV 线路部分接入故障录波器回路进行说明。220kV LF 线一次接线图如图 3-22 所示。

1）交流电压接入回路。

220kV 母线为双母线接线方式，故障录波器接入了 I、Ⅱ 母线电压互感器第一绕组的二次电压。1GWJ、2GWJ 分别为 220kV I、Ⅱ 母线电压互感器一次隔离开关的重动继电器的触点，当隔离开关推上时相应的触点闭合，各相电压经过电压并列与切换装置 RCS－9663D 接入至故障录波器。零序电压采用外部接入，而不是用自产零序电压。故障录波器电压启动方式有过电压启动、欠电压启动、零序电压过限启动、负序电压过限启动、相电压突变量启动、零序电压突变量启动。

2）交流电流接入回路。

故障录波器接入了 LF 线 211 断路器电流互感器二次第一绕组电流。回路中负载还有 CSL－101B、CSI－101C 保护装置，故障录波器接于回路末端，这样如果运行中要做故障录波器的试验，可以将其退出运行，而不影响线路保护的正常运行。故障录波器电流启动方式有相电流过限启动、相电流突变启动、负序电流过限启动和零序电流过限启动等。

3）开关量接入回路。

接入的开关量包括：CSL－101B 的单跳、三跳和永跳触点。RCS－901B 的 A、B、C 相跳闸、重合闸动作和启动发信触点。RCS－923A 保护跳闸和启动失灵触点，收发信机的收信输出触点。

4）高频量接入回路。

接入的高频量包括收发信机 GSF－6A 和收发信机 LFX－912 的高频通道录波。

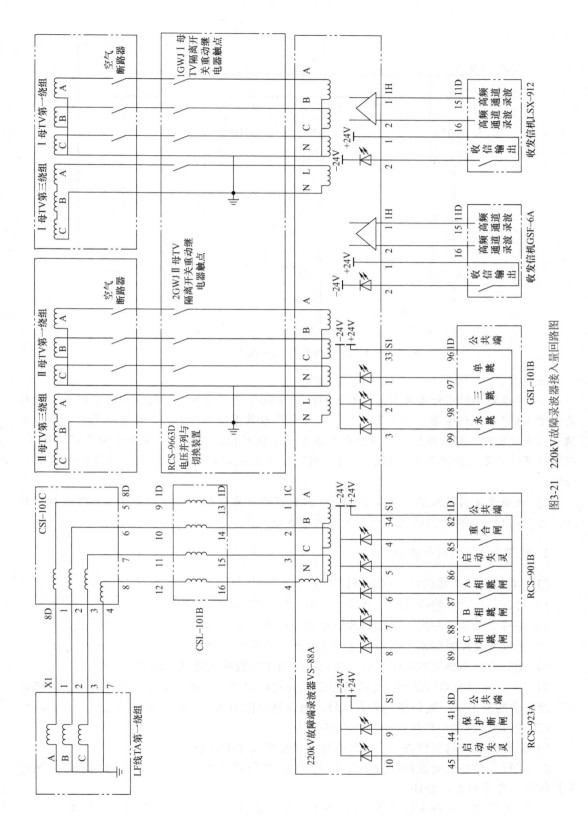

图3-21 220kV故障录波器接入量回路图

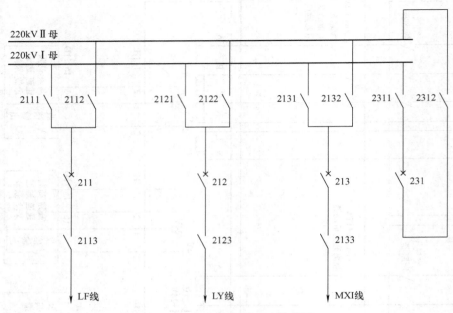

图 3-22　220kV LF 线一次接线图

注意：

1）考虑到单独定检录波器时，相关间隔都在运行中，需要执行大量的安全措施。特别是由于 TA 二次绕组紧张，录波器与保护、安全自动装置共用 TA 绕组的情况越来越多。单独定检录波器时，稍有不慎，就可能引起这类设备误动作。因此，应在保证安全的前提下，在进行保护装置定检工作的同时，对同一间隔接入录波器的相关模拟量、开关量通道进行检验。

2）故障录波器接入室内开关量可使用 24V 作为开关量电源，若需要接入断路器辅助触点，为提高抗干扰能力应使用强电作为开关量电源。

2. 故障录波器的运行维护

（1）对故障录波器的日常运行维护工作

1）每日巡视时，检查故障录波屏运行指示灯正常点亮，其他告警灯灭。

2）每月手动录波一次，检查录波器是否能正常工作。

3）当发生故障时如果没有自动打印录波图，可手动启动打印。

4）运行人员不得随意关闭后台计算机，退出主控程序或重新启动主控程序。

运行人员在录波器启动后应立即将故障报告打印出来，汇报相关部门和上级调度。然后按下面板上的取消键，复归录波告警信号，通知继电保护人员，取走录波数据。

（2）故障录波器运行维护中的注意事项

1）运行人员应每周检查一次装置时钟，以保证录波时间正确。

2）运行人员每天对设备进行一次巡视，注意各告警信号及电源箱的电源指示灯，如有告警信号，应及时汇报处理。

3）装置启动，运行人员只能复归告警板上的复归按钮，不得进行其他任何操作。

4）设备清扫时，请注意电流端子引线，谨防断线。

5）变电所要保证录波器有足够的打印纸，并安装正确。

6）装置异常情况的处理，运行人员发现装置时钟不准或录波器的状态不正常时，要及时汇报，以便尽早解决。

3. 故障录波图的分析方法

故障录波图中的波形曲线是反映故障后的波形曲线，其波形一般为正弦波且明显不同于正常负荷状态的波形，从录波图的曲线变化中，可以判明下列各种情况。

（1）故障类型的判别

1）接地与不接地短路。凡接地短路有零序电流、零序电压波形，不接地的相间短路无零序电流。

2）单相与多相故障。对于单相短路，此故障相的电流波形幅值增大，电压波形幅值变小，有明显变化；对于多相故障，则有二相或三相电流、电压波形同时发生明显变化。

3）短路故障与断线故障。短路故障相的电流增大，而断线故障相的电流剧烈减小或为零。

4）发展性故障或转换性故障。从某一相故障发展为两相甚至三相故障，从某一相故障转换为另一相甚至另两相故障。

（2）故障相别的判断

凡故障相，其电流和电压波形将同时有显著跳变，即电流增大、电压降低。

（3）断路器分、合情况

1）分闸时间（包括保护的动作时间和断路器的固有分闸时间）。从故障开始到故障相电气量第一次发生跳变的时间即为断路器分闸时间。若接有该断路器变位的数字量，从波形图上可以更清楚、更直接地观察出其分闸时间。

2）断路器的断弧分析。断弧良好者，其故障相电流、电压的波形应有明显的跳变，故障相的波形应剧烈减小或为零；否则就有拉弧现象，即断弧不良。

3）重合闸分析。当线路两侧均为快速保护动作跳闸时，自故障相电气量第一次跳变到第二次跳变之间的时间即为重合闸时间。若重合闸重合成功，各相电流、电压转入正常负荷状态，三相应对称，无零序电流和零序电压；若重合闸重合不成功，则重复出现电流增大、电压降低，使波形再次发生变化。对于不允许非全相运行的系统，重合不成功时应三相跳闸，此时各相电流应均为零。重复性故障时，若上次重合闸动作后还未到其充电完成，则再次单相故障亦直接三跳而重合闸不动作。

4）振荡波形。当系统发生振荡时，其电流和电压波形将发生周期性缓变，振荡电流和电压分别由小到大，再由大到小，波形变化的波形具有周期性两个极大值或极小值之间经历的时间即为振荡周期。

（4）故障电流、电压值的测量

在分析软件中，具有测量电气量的功能，比如电流、电压的瞬时值和有效值，可随着鼠标的移动测量任一点的数值。在已知设备变比下直接得出一次值。

图 3-23 是某次线路故障的录波图。甲乙线故障相电流（I_c）显著增大，故障相电压（U_c）不同程度地降低，同时有零序电压（$3U_0$）和零序电流（I_0）出现，在故障被切除后，

故障相电流变为零，故障相电压在两端都跳开后也变为零，零序电流变得很小接近于零，但仍有很大的零序电压。故障相电流变为零的时刻即为故障切除的时刻，故障相负荷电流出现或又出现故障电流（指重合到永久故障上）的时刻为重合时刻。本次重合闸动作后，故障相仍有故障电流存在，表明重合在永久故障上，在断路器加速三相跳闸前，发展形成 B、C 相间故障。

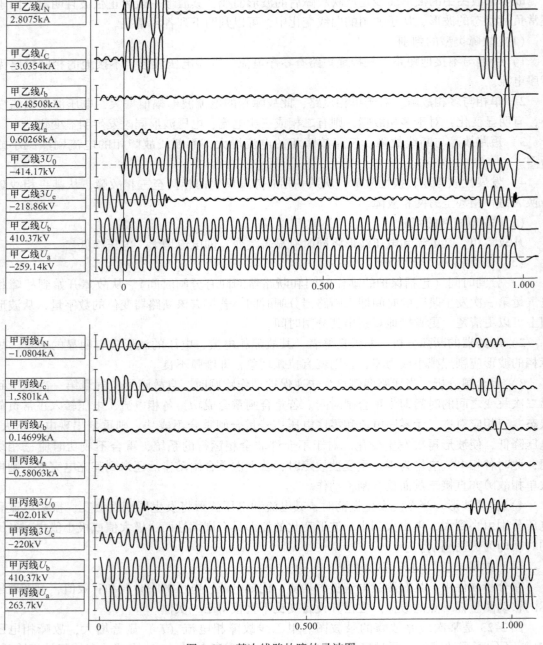

图 3-23　某次线路故障的录波图

故障线路的相邻线路波形的特点是：与故障线路同相的电流有显著增大，同时有零序电流和零序电压出现，但是在故障被切除后，故障相的电流没有变为零，而是变为负荷电流。零序电压和零序电流全部变为零，这是与故障线路的最大区别。

（5）分析短路故障录波图要点

1）分析单相接地短路故障录波图要点。

① 一相电流增大，另一相电压降低；出现零序电流、零序电压。

② 电流增大、电压降低为同一相别。

③ 零序电流相位与故障相电流同向，零序电压与故障相电压反向。

④ 故障相电压超前故障相电流约80°；零序电流超前零序电压约110°。

2）分析两相短路故障录波图要点。

① 两相电流增大，两相电压降低；没有零序电流、零序电压。

② 电流增大、电压降低为相同两个相别。

③ 两个故障相电流基本反向。

④ 故障相间电压超前故障相间电流约80°。

3）分析两相接地短路故障录波图要点。

① 两相电流增大，两相电压降低；出现零序电流、零序电压。

② 电流增大、电压降低为相同两个相别。

③ 零序电流相位位于故障两相电流间。

④ 故障相间电压超前故障相间电流约80°；零序电流超前零序电压约110°。

4）分析三相短路故障录波图要点。

① 三相电流增大，三相电压降低；没有零序电流、零序电压。

② 故障相电压超前故障相电流约80°。

③ 故障相间电压超前故障相间电流同样约80°。

注：南瑞公司的900系列线路保护装置，该系列保护在计算零序保护时加入了一个78°的补偿阻抗，其录波图上反映的是零序电流超前零序电压180°。对于单相故障，故障相电压超前故障相电流约80°；对于多相故障，则是故障相间电压超前故障相间电流约80°；"80°"的概念实际上就是短路阻抗角，也即线路阻抗角。

4. 录波报告应包含的内容及故障录波装置在运行方面应达到的要求

录波报告应包含录波器所在的局（厂）、变电站名称，录波器的型号、电压等级，故障线路（变压器）名称、编号，故障的录制日期、时间，系统故障简述，保护动作分析，结论。

自动故障录波装置在发生系统故障或系统振荡时应可靠启动，记录系统中有关的电气参数。同时对所录的波形及数据进行分析，以达到以下各方面的要求。

1）正确分析事故原因，清楚了解系统现状，及时处理事故并应用到防治措施上。录波装置所录的故障情况下的波形图能正确反映故障类型、相别、电流电压值、断路器跳合闸时间及重合闸的动作情况等，可以用来快速分析和确定事故原因。

2）根据录波器波形图可以正确评价继电保护装置及自动装置动作的正确性，可用于发现装置缺陷。

3）根据录波图上显示的电流、电压值和故障测距值，可以比较准确地给出故障地点范围，便于故障查找。

4）可以分析研究系统振荡规律。

5）录波图可以提供转换性故障和非全相运行再故障等资料，用于发现一次设备缺陷，及时消除隐患，为提高设备运行水平提供依据。

6）可以实测系统参数。

故障录波装置对保证电力系统安全运行有着十分重要的作用，同时还可以积累运行经验，提高运行水平，是设备运行状况分析不可缺少的重要部分。

3.7　实训

3.7.1　后台机 SCADA 操作界面图形中断路器的操作

1. 实训目的

1）熟悉后台机 SCADA 操作界面图形。

2）学习利用后台机操作断路器的方法。

2. 实训内容

变电站断路器遥控操作一般通过在线监控系统进行，南瑞公司的 RCS - 9000 系统为调度所调度人员，变电站值班人员提供的操作平台，视使用的场合不同，以网络工作站的形式出现或独立计算机的形式出现。任何一台运行在线监控系统的机器，都称为监控终端。

打开监控系统，如图 3-24 所示。接线图是值班员经常使用的一个窗口，一般情况下它都以极大化方式显示，该窗口不仅可以显示接线图，也可以显示数据列表，报警画面等。图中的遥测、遥信值随现场的变化而变化。如果图形是有组织的层次结构，还可通过点中操作点进行图形调出换入操作，以便在各个图形中漫游。

在接线图上，用鼠标在遥信点上停留一会儿，屏幕显示该遥信点的站名、点名。单击该遥信点，则弹出该遥信点的开关量对话框，如图 3-25 所示。

遥信量主要用于开关状态的显示，由于接线图中的遥信量与实际的中开关状态相对应。因此，在开关变位时，接线图上的遥信量也将以两种不同的方式显示。用户可根据需要设置该对话框，设置完毕后，单击"确定"按钮。对于各个操作的意义如下。

站点名称：对应的数据点的站名和点名。

属性和值：选择对应该点遥信量的属性。在线运行时，遥信量的属性值为工程值（原始值通过公式转换为工程值），并且可以在对话框中修改值的大小。

报警允许：允许该遥信点产生报警。当遥信变为时，产生报警信息，并闪烁显示该遥信。

遥控允许：允许对该设备进行遥控。如果选中该项，遥控按钮变为可用，但是否进行遥

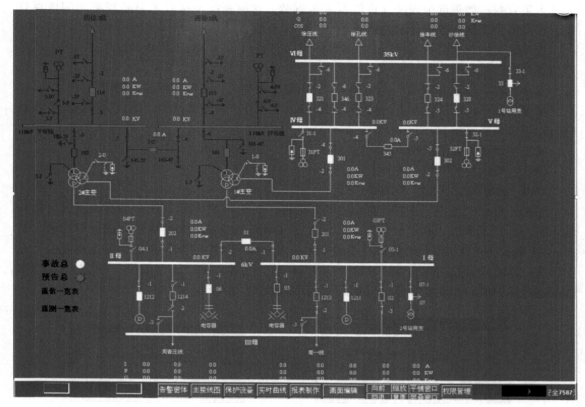

图 3-24　监控系统界面

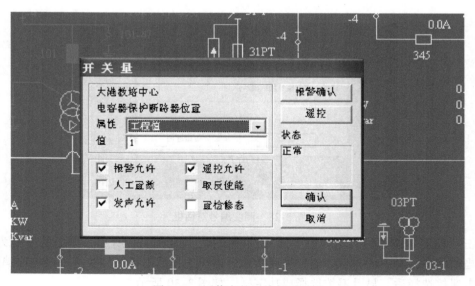

图 3-25　遥信点的开关量对话框

控还必须依赖是否有相应的遥控点。当处于未选中状态时，开关量对话框上的遥控按钮以灰色显示；当复选状态时，开关量对话框上的遥控按钮以亮色显示。

人工置数：如果选中该项允许进行人工置数，这时系统不接收来自总控单元的该点数据，用户可手工键入数据显示在画面上。

取反使能：对遥信状态进行取反显示。就是将遥信点的当前工程值 0 取反显示为 1 或将遥信点的当前工程值 1 取反显示为 0。

发声允许：当该遥测点产生报警时，选中发出报警声，不选则不发报警声。

报警确认：认可该数据点的报警状态，确认其存在，单击该按钮，则报警闪烁消失，遥信点以正常方式显示。

状态：显示该遥信点当前的状态。

确认：确认设置有效，关闭操作框。

取消：确认设置无效，关闭操作框。

遥控：单击"遥控"按钮，弹出密码对话框，如图 3-26 所示。用户填写调度员名称和输入密码，然后单击"确定"按钮。如配置文件中需要监护人则会跳出监护人对话框，如图 3-27 所示。并且调度员和监护人不能是一个人，如配置中需要强制检验遥控调度编号则会出现一需输入遥控调度编号的对话框，在其中输入遥控点的"调度编号"，此为已在数据库的遥控库中填入的调度编号，调度编号对话框如图 3-28 所示。

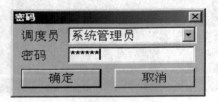

图 3-26　调度员名称和密码对话框图

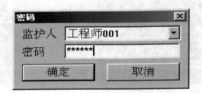

图 3-27　监护人名称和密码对话框

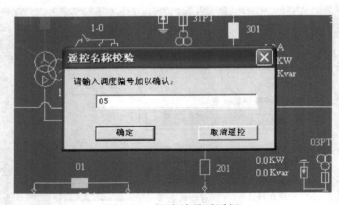

图 3-28　调度编号对话框

单击"确定"按钮后，出现以下遥控选择画面，如图 3-29 所示。左上的方框为站名、点名和当前状态，左下的方框为遥控进展指示。遥控选择后出现遥控执行或遥控取消画面。

单击遥控选择后，显示遥控选择成功字样，如图 3-30 所示。

单击"遥控"按钮，断路器动作分闸，遥控完成，并返回该断路器状态，如图 3-31 所示，断路器遥控操作完成。

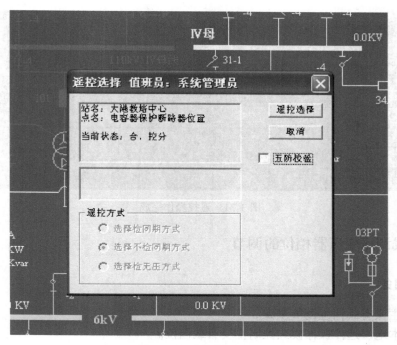

图 3-29　遥控选择画面

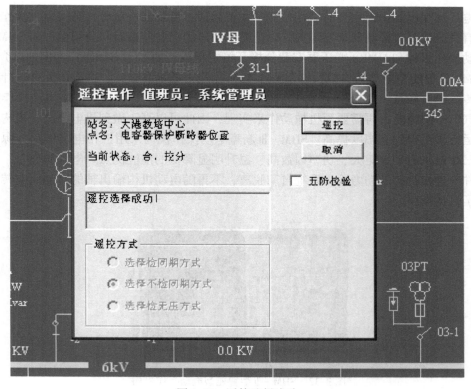

图 3-30　遥控选择成功

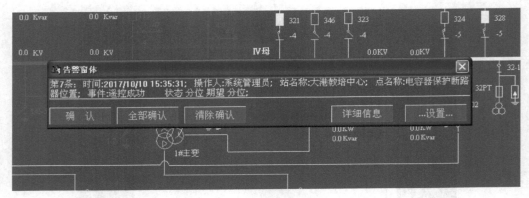

图 3-31　遥控操作完成

3.7.2　有载调压变压器档位的调节

1. 实训目的

1) 掌握主变有载档位调节步骤。
2) 学会本地、远控操作模式控制主变有载档位。

2. 主变有载档位调节相关知识介绍

发电厂和变电站中对主变有载档位调节主要是通过变压器有载分接开关电动操作机构和变压器有载分接开关控制器来实现的。以上海华明电力设备制造有限公司生产的 SHM－Ⅲ智能型电动操作机构和 HMK8 变压器有载分接开关控制器（简称为 HMK8）为例加以介绍。

SHM－Ⅲ智能型电动操作机构（见图 3-32）用先进的信息技术、微电子元件、计算机技术替代传统的有触点、靠机械动作来完成电气功能的电器元件。SHM－Ⅲ型电动操作机构由于其电气信号的通断不再需要用机械动作来实现，因此可以真正做到机电分离，机构的机械寿命和运行质量得到大幅度提高。SHM－Ⅲ新型电动操作机构采用三相电机作动力源，充分发挥了三相电机启动力矩大、功率因数高、温升明显降低的性能优点。电动操作时，手动输入轴组件与操作机构的动力输出系统自动脱离，不再随电动机构输出轴的转动而空转，有效地降低了机构噪声。

图 3-32　SHM－Ⅲ型智能型电动操作机构

SHM－Ⅲ内部结构（见图3-33）主要由传动系统和档位指示两部分组成。传动机构采用低噪声皮带轮传动系统，每一次分接变换输出轴转33圈。机构档位指示清晰地显示了电动机构和有载分接开关所处的工作位置；电磁式计数器真实地记录了电动机构电动操作次数。

图3-33　传动系统与档位指示机构外观图

由于整个位置指示部分的机械传动及信号采集部分都是装在密封的盒子里，所以实现了免维护的目的。

HMK8变压器有载分接开关控制器（见图3-34）适用于变压器有载调压的控制。HMK8具有档位显示、动作次数显示功能，并且经RS－485串口实现远程通信，控制变压器有载分接开关升、降、停。HMK8可以通过模式选择实现本地、远控、电操三种的升、降、停控制，适用于SHM－Ⅲ型电动机构，界面采用LCD显示屏，具有档位BCD码无源触点输出、运行状态和欠电压闭锁状态无源触点输出，可以显示档位和动作次数，具有RS－485串行通信功能。

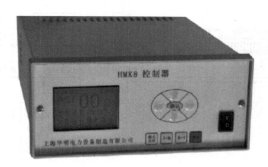

图3-34　HMK8变压器有载分接开关控制器

HMK8控制器由前面板、后面板、外壳和微处理模块组成。其中前面板为显示和操作模块，后面板为通信机接线端子模块，微处理模块可靠置于外壳内部。

主变有载档位调节的操作模式有电操、本地和远控3种。模式选择通过HMK8控制器上的"模式选择"按键进行。

电动操作模式：通过有载分接开关电动机构箱内的操作按键进行升、降、停操作。

本地操作模式：通过HMK8控制器上的操作按键进行升、降、停操作。

远控操作模式：通过后台监控机监控界面上的操作按键进行升、降、停操作。

HMK8 与 SHM - Ⅲ 电动机构通过驱动电缆和信号电缆实现连接（见图 3-35），用户在调试前把电缆两端插头按要求插在相应的插座 CXl、CX2 中（参看图 3-36 HMK8 后面板图、图 3-37 HMK8 接线原理图），进行电动机构和控制器的电气连接。

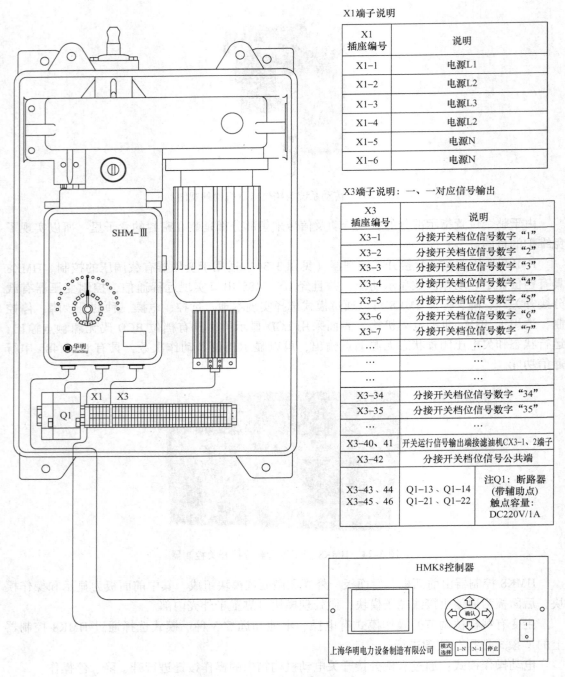

X1端子说明

X1 插座编号	说明
X1-1	电源L1
X1-2	电源L2
X1-3	电源L3
X1-4	电源L2
X1-5	电源N
X1-6	电源N

X3端子说明：一、一对应信号输出

X3 插座编号	说明	
X3-1	分接开关档位信号数字"1"	
X3-2	分接开关档位信号数字"2"	
X3-3	分接开关档位信号数字"3"	
X3-4	分接开关档位信号数字"4"	
X3-5	分接开关档位信号数字"5"	
X3-6	分接开关档位信号数字"6"	
X3-7	分接开关档位信号数字"7"	
…	…	
…	…	
…	…	
X3-34	分接开关档位信号数字"34"	
X3-35	分接开关档位信号数字"35"	
…	…	
X3-40、41	开关运行信号输出端接滤油机CX3-1、2端子	
X3-42	分接开关档位信号公共端	
X3-43、44	Q1-13、Q1-14	注Q1：断路器（带辅助点）触点容量：DC220V/1A
X3-45、46	Q1-21、Q1-22	

图 3-35　SHM - Ⅲ 与 HMK8 连接示意图

92

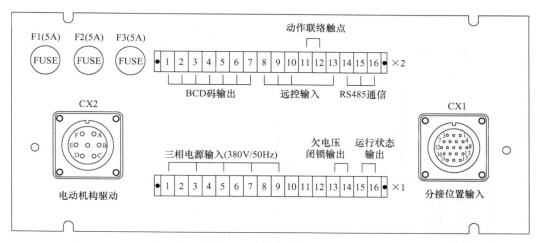

图 3-36 HMK8 后面板图

变压器有载分接开关位置信号通过 19 芯航空插座传入控制器内部，经过 CPU 中央控制器编码，BCD 无源接点输出，中央控制器对分接开关位置的变化次数进行累加计数并显示。将位置信号通过 RS－485 串行口输入，控制本装置固态继电器升、降、停的输出，从而控制 SHM－Ⅲ电动机构的运行。

在向电机回路、控制和辅助回路提供电源之前，先检查电压、电流和整个的输出是否与需要的值相吻合，检查分接开关指示位置是否与电动机构和控制器相符。确定各项目都正确后方可投入运行。

注意：送电前手动操作把分接位置调到中间位置；合上电动机构中电动机回路的断路器。

3. 实训内容

1）电动操作模式控制主变有载档位。

在 HMK8 控制器上通过模式选择按键（见图 3-38）选择"电操"时，由电动机构内的操作按键进行升、降、停操作。选择正确的指令，按＜N→1＞或＜1→N＞键，电动机构就会自动完成一个分接，并在规定区域范围内停下。

步骤：在低压配电盘和直流馈线屏上，合上主变间隔低压交、直流电源开关，向电动机回路、控制和辅助回路提供电源。

在主变本体的有载分接开关电动机构箱内，合上电动机构中电动机回路的断路器，向电动机回路提供工作电源。

在主变测控屏上，合上控制器的电源开关，向控制和辅助回路提供工作电源。控制器的 LCD 液晶显示屏经过渡页面后显示主界面（见图 3-39）。

在 HMK8 控制器上通过"模式选择"按键选择"电操"模式，观察 LCD 屏上的显示、电动机构上的指针显示及监控后台机显示，三处主变分接头档位应一致。

在主变本休的有载分接开关电动机构箱内，按＜1→N＞键从当前所在档位升至最高档，通常为 17 档。期间，在升档的过程中，操作＜停止＞键可实现中途停止。

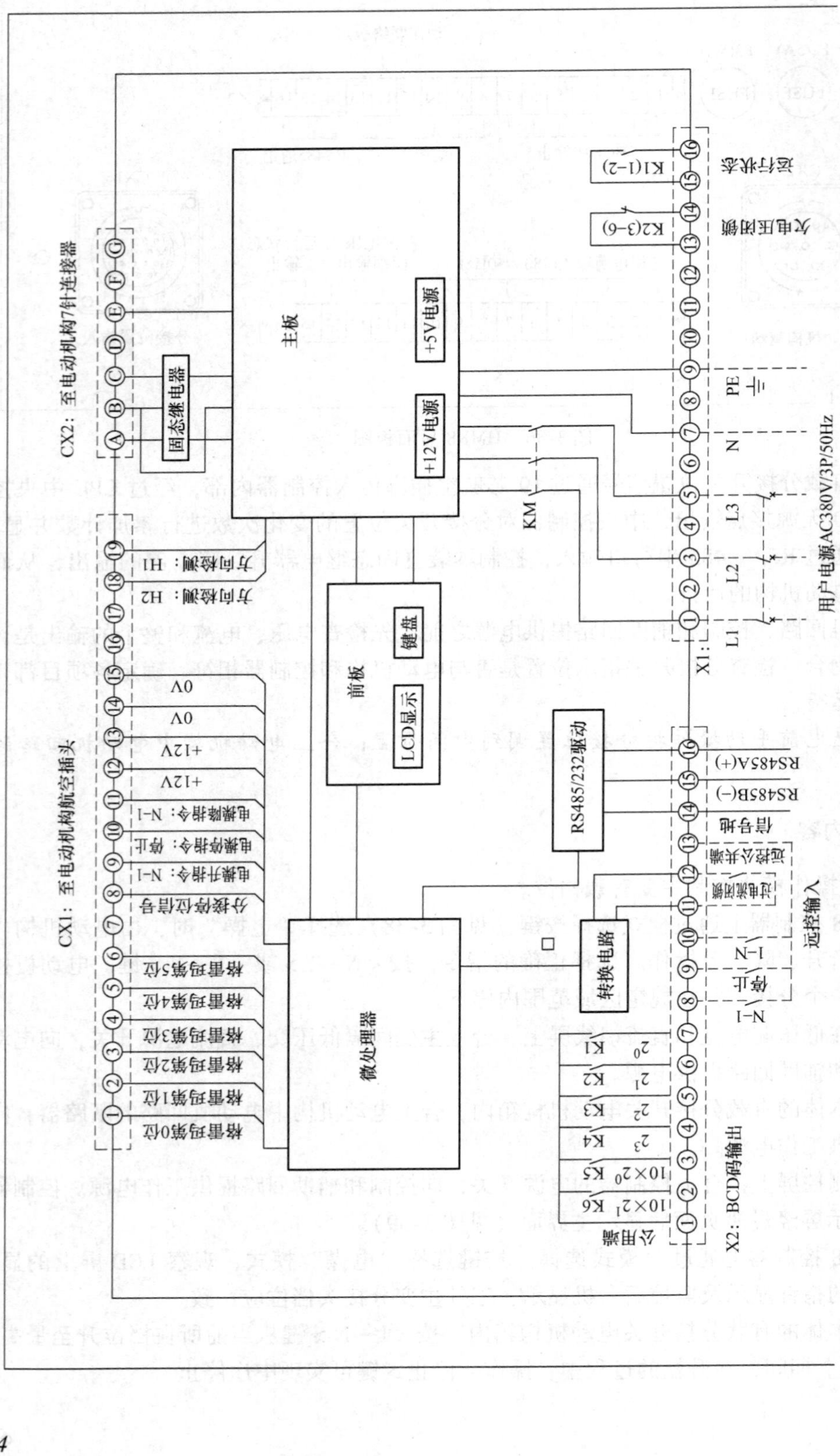

图3-37 HMK8接线原理图

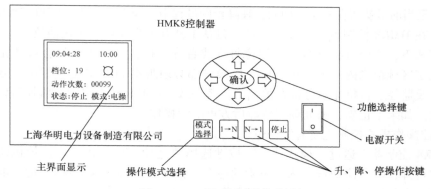

图 3-38　HMK8 控制器前面板

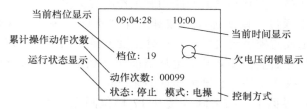

图 3-39　HMK8 控制器主界面

在主变本体的有载分接开关电动机构箱内，按 < N→1 > 键从 17 档位降至最低档，通常为 1 档，期间，在降档的过程中，操作 < 停止 > 键可实现中途停止。

最后，在主变本体的有载分接开关电动机构箱内，按 < 1→N > 键从 1 档升至最初没有开始调试的档位。

电操模式下，主变有载分接开关档位每升或者降一档，电动机构就会自动完成一个分接，并在规定区域范围内停下。每完成一次操作都必须观察 LCD 屏上的显示、电动机构上的指针显示及监控后台机显示分接开关档位是否一致。HMK8 动作记录及监控后台机显示信号是否正确。如果不正确，需处理完故障后方可继续操作。

电操模式即在电动机构操作，它通过有载分接开关电动机构箱内的操作按键进行升、降、停操作。

注意： 当电动操作正在运行时，对 HMK8 控制器面板进行操作，动作次数会少计数一次。当动作次数超过 66000 时，又会从 0 开始计数。

2）本地操作模式控制主变有载档位。

在 HMK8 控制器上通过"模式选择"按键选择"本地"时，由 HMK8 控制器上的操作按键进行升、降、停操作。选择正确的指令，按 < N→1 > 或 < 1→N > 键，电动机构就会自动完成一个分接，并在规定区域范围内停下。

步骤：检查电机回路、控制和辅助回路均有工作电源提供。

在 HMK8 控制器上通过"模式选择"按键选择"本地"模式，观察 LCD 屏上的显示、电动机构上的指针显示及监控后台机显示，三处主变分接头档位应一致。

在 HMK8 控制器上，按 < 1→N > 键从当前所在档位升至最高档，通常为 17 档。期间，在升档的过程中，操作 < 停止 > 键可实现中途停止。

在 HMK8 控制器上，按 < N→1 > 键从 17 档位降至最低档，通常为 1 档，最后按 < 1→N >

键从 1 档升至当前最初所在档位。期间，在降档的过程中，操作"停止"键可实现中途停止。

最后，在 HMK8 控制器上，按 <1→N> 键从 1 档升至当前最初所在档位。

本地模式下，主变有载分接开关档位每升或者降一档，电动机构就会自动完成一个分接，并在规定区域范围内停下。每完成一次操作都必须观察 LCD 屏上的显示、电动机构上的指针显示及监控后台机显示分接开关档位是否一致。HMK8 动作记录及监控后台机显示信号是否正确。如果不正确，需处理完故障后方可继续操作。

3）远控操作模式控制主变有载档位。

在 HMK8 控制器上通过"模式选择"按键选择"远控"时，由后台监控机监控界面的操作按键进行升、降、停操作。选择正确的指令，按 <N→1> 或 <1→N> 键，电动机构就会自动完成一个分接，并在规定区域范围内停下。

步骤：检查电机回路、控制和辅助回路均有工作电源提供。

在 HMK8 控制器上通过"模式选择"按键选择"本地"模式，观察 LCD 屏上的显示、电动机构上的指针显示及监控后台机显示，三处主变分接头档位应一致。

在后台监控机监控界面上，按 <升> 键从当前所在档位升至最高档，通常为 17 档。期间，在升档的过程中，操作 <停止> 键可实现中途停止。

在后台监控机监控界面上，按 <降> 键从 17 档位降至最低档，通常为 1 档，最后按 <1→N> 键从 1 档升至当前最初所在档位。期间，在降档的过程中，操作 <停止> 键可实现中途停止。

最后，在后台监控机监控界面上，按 <升> 键从 1 档升至当前最初所在档位。

远控模式下，主变有载分接开关档位每升或者降一档，电动机构就会自动完成一个分接，并在规定区域范围内停下。每完成一次操作都必须观察 LCD 屏上的显示、电动机构上的指针显示及监控后台机显示分接开关档位是否一致。HMK8 动作记录及监控后台机显示信号是否正确。如果不正确，需处理完故障后方可继续操作。

注意：当远控操作正在运行时，对 HMK8 控制器面板进行操作，动作次数会少计数一次。当动作次数超过 66000 时，又会从 0 开始计数。

3.7.3 分析故障录波图

1. 实训目的

1）掌握故障录波图的分析方法。

2）学会看故障录波图。

2. 实训内容

结合 LWI 回线 C 相永久性故障的录波为实例进行分析，如图 3-40 所示，横坐标为时间，黑色竖线为故障起始时刻，也是录波开始时刻，时间轴每小格为 5ms。故障前共录波 40ms，故障发生后 23ms，CSC - 103C 保护跳 C 出口，50msPSL - 602GA 保护跳 C 出口，1006ms 断路器重合于故障，故障电流再次出现，1028msPSL - 602GA 保护分相跳闸、三跳、永跳出口，1059msCSC - 103C 保护分相跳闸、永跳出口。故障发生时 I_C 增大，U_C 降低；出现零序电流 $3I_0$、零序电压 $3U_0$，此时基本上可以确定系统发生了 C 相接地短路故障，并且电压、电流相别没有接错；$3I_0$ 相位与 I_C 同向，$3U_0$ 与 U_C 电压反向，U_C 超前 I_C 约 80°；$3I_0$ 超前3U_0约110°，可以确定保护装置、二次回路整体均没有问题（不考虑电压、电流同时接错的问题，对于同时接错的问题需要综合考虑，可以收集线路两侧的录波图，对于同一个系统故障各个变电所录波图反映的情况应该是相同的，那么与其他站反映的故障相别不同的变电站就需要进行现场测试）。

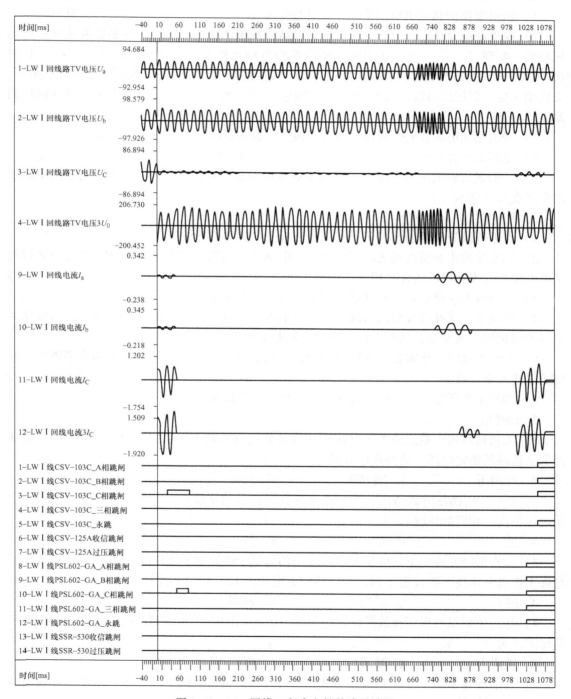

图 3-40　LWI 回线 C 相永久性故障录波图

3.8 习题

1. 填空题

1）微机型保护和微机型测控的开入量都分为（　　　　）和（　　　　）两种。

2）变电站综合自动化电压、无功综合控制子系统功能，是通过采集系统潮流和母线电压参数，实现（　　　　）为目的，利用综合自动化技术，实现自动对（　　　　）和（　　　　）的综合调控，实现（　　　　）双参数控制，即使母线电压处于合格的范围，又使输入变压器低压母线的无功功率处于理想状态，从而达到改善电压水平，降低网损的效果。

3）变电站的电容器安装容量，一般可按变压器容量的（　　　　）确定。

4）电网调压方式分为（　　　　）、（　　　　）、（　　　　）3种。

5）一般把监测电网电压值和考核电压质量的节点，称为（　　　　）；把电网中重要的电压支撑点称为（　　　　）。

2. 判断题

1）在系统缺乏无功的情况下，必须利用补偿电容器进行调压。（　　）

2）当系统发出和消耗的无功不平衡时，电压就会偏离额定值；而电压的变化不会影响负荷的无功功率和网络的无功损耗。（　　）

3）当母线电压降低时，并联电容器输出的无功功率将减少。（　　）

4）逆调压方式在高峰负荷时降低中枢点电压，低谷负荷时升高中枢点电压，与负荷点电压的变化同方向调整，从而保证了负荷点的电压质量。（　　）

5）母线停电时，电容器组应退出运行；母线送电后，再根据母线电压和功率因数，确定是否投入电容器。（　　）

6）调整主变压器分接头时，每次只能调整一个分接头。（　　）

3. 选择题

1）大负荷时将中枢点的电压升高至比线路额定电压高5%；小负荷时则将中枢点电压降低至线路的额定电压。此种调压方式为（　　）。

　A. 逆调压　　　　　　B. 顺调压　　　　　　C. 恒调压

2）（　　）调压方式适用于中枢点至各负荷点的线路较长，且各点负荷变化较大，变化规律也大致相同的情况。

　A. 逆　　　　　　　　B. 顺　　　　　　　　C. 恒

3）大负荷时允许中枢点电压低一些（但不得低于线路额定电压的102.5%）；小负荷时允许中枢点电压高一些（但不得高于线路额定电压的107.5%）。此种调压方式为（　　）。

　A. 逆调压　　　　　　B. 顺调压　　　　　　C. 恒调压

4）保持中枢点的电压在线路额定电压的102%～105%，不必随负荷变化来调整。此种调压方式为（　　）。

　A. 逆调压　　　　　　B. 顺调压　　　　　　C. 恒调压

5）目前普遍采用（　　）调压方式，它可以确保负荷点的电压有较高质量，并能提高电网运行的经济性。

A. 逆   B. 顺   C. 恒

6）投切电容器及调整主变压器分接头的操作原则：当 220kV 以下电网电压接近下限时，应（   ）。

A. 先投入电容器组，后升高主变压器分接头。

B. 先升高主变压器分接头，后投入电容器组。

C. 先退出电容器组，后升高主变压器分接头。

D. 先投入电容器组，后降低主变压器分接头。

7）当电压接近上限时，在不会向系统倒送无功，变压器有载调压分接头还允许调整时，应（   ）。

A. 先降低主变压器分接头，后退出电容器组。

B. 先退出电容器组，后升高主变压器分接头。

C. 退出电容器组，后降低主变压器分接头。

D. 先投入电容器组，后降低主变压器分接头。

8）220kV 主变压器分接头每天允许调整次数一般不超过（   ）次。

A. 5   B. 8   C. 12   D. 10

4. 简答题

1. 对于一个含断路器的设备间隔，微机型保护、微机型测控、操作箱对断路器的操作方式有哪 3 种？

2. 断路器的控制回路主要包括哪些？

3. 电网的调压方法有哪些？

4. 两台并列运行变压器调整分接头时如何调整？

5. 在哪些情况下不能进行主变压器分接头调整？

6. 简述变电站电压、无功调整原则。

7. 简述 VQC 装置的概念。

8. 根据电压无功控制的九区图简述电压无功控制装置在 1、4、7、8 区域的调节原理。

9. 根据电压无功控制的九区图简述电压无功控制装置在 2、3、5、6 区域的调节原理。

10. 简述对备用电源自动投入装置的要求。

11. 简述对 ARC 的基本要求。

12. 变电站常用的防误闭锁装置有哪些？

13. 微机型防误操作闭锁装置由哪几部分组成？

14. 什么是故障录波器？

15. 简述分析单相接地短路故障录波图要点。

第4章　智能变电站概述

4.1　智能变电站的产生

20 世纪 90 年代以来，随着综合自动化系统的不断应用，变电站初步具备了数字化和自动化的特征，但人们也发现实施中的一些问题。

① 各设备之间大多独立运行，不同厂家的设备之间受通信规约等的限制无法共享信息资源。

② 通信标准缺乏一致性，导致设备之间不具备互操作性，系统的扩展受到限制。

③ 二次回路电缆数量多、接线复杂，容易遭受电磁干扰、过电压等因素的影响，降低了系统运行的可靠性。

进入 21 世纪后，随着电子技术、网络通信技术的发展，各种智能装备逐步在电力系统中得到应用和实践，给变电站带来很大的变化。以光互感器为代表的电子式互感器利用数字化输出使二次系统技术逐步与一次系统技术融合。IEC61850 的出台为变电站建立了完整的新一代变电站网络通信体系，可有效解决不同系统间的信息互通、互操作、自定义和可扩展性等问题。网络通信技术为变电站提供了信息数字化通信的手段，改变了变电站二次系统的结构，解决了系统中信息传输与共享的机制，使信息的集成化应用成为可能。随着这些技术的成熟和应用，变电站自动化的发展进入了一个新的阶段，智能化变电站和智能化电网逐步被提了出来，并在不断的应用实践中得到认可。

4.2　智能变电站的基本概念

智能变电站是采用先进、可靠、集成、低碳和环保的智能设备，以全站信息数字化、通信平台网络化、信息共享标准化为基本要求，自动完成信息采集、测量、控制、保护、计量和监测等基本功能，并可根据需要支持电网实时自动控制、智能调节、在线分析决策、协同互动等高级功能的变电站。

智能化变电站是由智能化一次设备和网络化二次设备组成，建立在 IEC61850 通信规范基础上，能够实现变电站内智能电气设备间信息共享和互操作的现代化变电站。智能化一次设备主要包括电子式互感器、智能化断路器等，网络化二次设备是指将变电站内的常规二次设备标准化设计制造，在设备之间使用高速网络通信实现数据共享。

智能化变电站的特征可理解为以下几个方面。

1）一次设备的智能化。电子式互感器替代传统的电磁式互感器，实现了反映电网运行电气量的数字化输出，是智能化变电站的标志性特征，也为变电站的网络化、信息化以及一次设备的智能化奠定了基础。

2）二次设备的网络化。智能化变电站的二次设备除了具有传统数字式设备的特点外，其二次信号变为基于网络传输的数字化信息，功能配置、信息交换通过网络实现，网络通信成为二次系统的核心，设备成为整个系统中的一个通信节点。

3）变电站通信网络和系统实现标准统一化。智能化变电站利用 IEC61850 的完整性、系统性、开放性保证了设备间具备互操作性的特征，解决了传统变电站因信息描述和通信协议差异而导致的信号识别困难、互操作性差等问题，实现了变电站信息建模标准化。

智能变电站与数字化变电站相比较，重点突出在"智能"，即在数字化变电站的基础之上，赋予了更多的"智能特征"，如监控管一体化系统，利用了大量数字信息来完成一些分布功能、自动控制功能。智能变电站将数字化变电站更进一步推进，应该说数字化变电站实现了一、二次设备的数字化，而智能变电站是实现了一、二次设备的智能化，允许管理的自动化、操作监视的智能化。智能变电站作为智能电网的基础环节，在智能电网中所承担的作用和具有的主要功能是，将统一和简化变电站的数据源，以统一标准方式实现变电站内外的信息交互和信息共享，形成纵向贯通、横向互通的电网信息支撑平台，并提供以此为基础的多种业务应用。

4.3 智能变电站的基本结构

4.3.1 智能变电站的主要结构形式

1. 智能变电站的架构

在《智能变电站技术导则》中确立了智能变电站的架构，包括设备层和系统层，如图 4-1 所示。

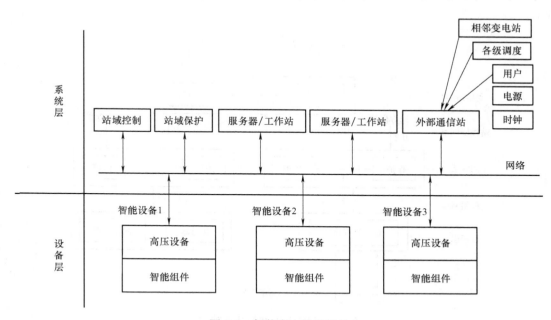

图 4-1 智能变电站的架构

系统层主要包括网络化的二次设备，是面向全站或一个以上的一次设备，通过智能组件获取并综合处理变电站中关联智能设备的相关信息，按照变电站和电网安全稳定运行的要求，控制各设备层协调完成多个应用功能。

智能变电站包括自动化站级监视控制系统、站域控制、通信系统和对时系统等，实现面向全站设备的监视、控制、告警及信息交互功能，完成数据采集和监视控制（SCADA）、操作闭锁以及同步相量采集、电能量采集、保护信息管理等相关功能。

设备层主要设备包括智能一次设备（含电子式互感器）、合并单元、智能终端等智能组件，其主要功能是完成实时运行电气量的采集、设备运行状态的监测、控制命令的执行等。

- 合并单元又称为合并器（简称为 MU），主要完成智能变电站电流与电压互感器的电压、电流等的合并并转换为数字信号（SV）上传至测控、保护与计量表等。合并单元是过程层的关键设备，是对来自二次转换器的电流/电压数据进行时间相关组合的物理单元。
- 智能终端是一种由若干智能电子装置集合而成的，用来完成该间隔内断路器以及与其相关隔离开关、接地开关和快速接地开关的操作控制和状态监视，直接或通过过程层网络基于 GOOSE 服务发布采集信息；直接或通过过程层网络基于 GOOSE 服务接收指令，驱动执行器完成控制功能，具备防误操作功能的一种装置。

2. 智能变电站的三层两网的结构模式

智能变电站系统在 IEC 61850 通信技术规范的基础上，按分层分布式来实现变电站内智能电气设备间的信息共享和互操作性。变电站自动化系统的结构在物理上可分为两层，即构架中提到的设备层（智能化的一次设备）和系统层（网络化的二次设备）；在逻辑结构上，IEC61850 按照变电站自动化系统所要完成的控制、监视、保护 3 大功能从逻辑上将变电站功能划分过程层、间隔层和变电站层智能变电站的基本结构如图 4-2 所示。

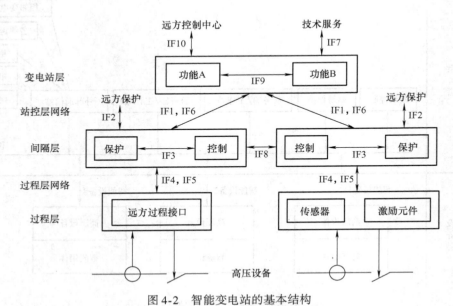

图 4-2　智能变电站的基本结构

1）过程层。过程层是一次设备与二次设备的结合面，是智能化一次设备的智能化部分。其主要实现与一次设备接口相关的功能，包括：实时电压、电流等电气量检测，进行运行设备的状态检测与统计，完成包括断路器、隔离开关的合分控制、变压器分接头调节、直流电源充放电控制操作等的控制执行与驱动。

2）间隔层。间隔层的功能是利用本间隔的数据对本间隔的一次设备产生作用，如线路保护设备和间隔单元控制设备就属于这一层。其主要功能有：汇总本间隔过程层实时数据信息，实施对一次设备的保护控制，实施本间隔的操作闭锁，实施操作同期及其他控制功能，控制数据采集、统计计算及控制命令的优先级，同时高速完成与过程层及站控层的网络通信。

3）变电站层。变电站层主要通过两级高速网络汇总全站的实时数据信息，不断刷新实时数据库，按时登录历史数据库，按既定规约将有关数据信息送向调度或控制中心，接收调度或控制中心有关控制命令并转间隔层、过程层执行。它应具有以下功能：在线可编程的全站操作闭锁控制功能；站内当地监控、人机联系功能，如显示、操作、打印、报警、图像、声音等多媒体功能；可对间隔层、过程层诸设备进行在线维护、在线组态、在线修改参数；同时，能完成变电站故障记录、故障分析和操作培训。

站控层、间隔层和过程层的逻辑功能接口的主要含义如下所述。

IF1：间隔层和站控层之间交换保护数据。

IF2：间隔层与远方保护间保护数据的交换。

IF3：间隔层内交换数据。

IF4：过程层和间隔层之间交换瞬时采样数据。

IF5：过程层和间隔层之间交换控制数据。

IF6：间隔层和变电站层之间交换控制数据。

IF7：站控层与远方工程师工作站间数据交换。

IF8：间隔层之间交换数据。

IF9：站控层之间交换数据。

IF10：变电站（设备）和远方控制中心间控制数据的交换。

站控层网络是间隔层设备和站控层设备之间的网络，实现站控层内部以及站控层和间隔层之间的数据传输，接口1/3/6/9。过程层网络是间隔层设备和过程层设备之间的网络，实现间隔层设备和过程层设备之间的数据传输，上图接口4/5。间隔层设备之间的通信，在物理上可以映射到站控层网络，也可以映射到过程层网络，接口8。

智能变电站的网络由站控层网络和过程层网络个构成。站控层网络是间隔层设备和站控层设备之间的网络，实现站控层内部及站控层与间隔层之间的数据传输。过程层网络是间隔层与设备层设备之间的网络，实现过程层设备和间隔层设备之间的数据传输。

站控层和间隔层之间的网络通信协议采用 MMS，故也称为 MMS 网。网络可通过划分 VLAN（虚拟局域网）分割成不同的逻辑网段，也就是不同的通道。

过程层网络包括 GOOSE 网和 SV 网。GOOSE 网用于间隔层和过程层设备之间的状态与控制数据交换。GOOSE 网一般按电压等级配置，220kV 以上电压等级采用双网，保护装置与本间隔的智能终端之间采用 GOOSE 点对点通信方式。SV 网用于间隔层和过程层设备之间的采样值传输，保护装置与本间隔的合并单元之间也采用点对点的方式接入 SV 数据。也就是我们常说的"直采直跳"。

- GOOSE（Generic Object Oriented Substation Event）。通用面向对象的变电站事件，是 IEC 61850 定义用于快速和可靠传送变电站自动化系统中实时性要求高的信息事件的通信模型。

- SV（Sampled Value）采样值。基于发布/订阅机制，交换采样数据集中的采样值的相关模型对象和服务，以及这些模型对象和服务到 ISO/IEC 8802 – 3 帧之间的映射。
- MMS（Manufacturing Message Specification）。即制造报文规范，是 ISO/IEC 9506 标准所定义的一套用于工业控制系统的通信协议。MMS 规范了工业领域具有通信能力的智能传感器、智能电子设备 IED）、智能控制设备的通信行为，使出自不同制造商的设备之间具有互操作性。
- 直采：智能终端采集到的一次设备数据信息直接传送给本间隔的保护装置，这个过程叫作直采。
- 网采：智能终端采集到一次设备数据信息通过 SV 网传送给保护装置，而非直接传送给相应间隔保护装置，这个过程叫作网采。
- 直跳：保护装置发出的跳闸命令传送至本间隔的智能终端，这个过程称为直跳。
- 网跳：保护装置发出的跳合闸等命令首先传送至本间隔的过程层网络交换机，再由本间隔网络交换机把装置发出的跳合闸等命令传送至本间隔的智能终端，这个过程称为网跳。

从结构上看，智能变电站与以往综合自动化变电站相比，主要是对过程层和间隔层设备进行了升级，将一次系统提供的模拟量和开关量就地数字化，用光纤代替电缆连接，实现过程层和间隔层之间的通信。间隔层保护测控装置无需接收 TA、TV 输出的模拟信号，只需接收 SV 网络输出的数字信号。保护装置对外的联系也可以用数字信号，由 GOOSE 网将信息送达目的地。SV 网络用于模拟数据转换后的传送，GOOSE 网用于交换的实时数据有保护装置的跳、合闸命令、站控层后台计算机发出的经测控装置的遥控命令、保护装置间信息、一次设备的遥信信号。

3. 智能变电站设计模式

变电站智能化改造与建设按照《变电站智能化改造技术规范》《智能变电站技术导则》的要求，遵循实现全站信息数字化、通信平台网络化、信息共享标准化，满足集中监控的技术要求，以提高变电站智能化水平。继电保护满足点对点直采、直跳，双重化配置两个过程，网络完全独立的原则。

1）一次设备状态监视与一次设备智能化。采用状态监视智能组件和传感器与一次设备组合，实现一次设备状态监测；采用测量、控制、状态监测等智能组件与主设备就地化安装，实现一次设备智能化。

2）一体化信息平台、智能高级应用功能。建立变电站全景数据统一信息平台，实现设备状态可视化、智能告警及分析决策、远端维护、顺序控制功能，也可选配故障信息综合分析决策、站域控制及与大用户等外部系统互动等功能。

3）信息建模和通信的标准化。站控层、间隔层设备实现通信协议标准化，取消协议互换设备；间隔层设备与过程层设备采用电缆直接连接。辅助系统相关信息可以通过智能接口机按标准建立相应数据模型，接入统一的信息平台。

4）辅助系统智能化。实现视频监视、安防系统、环境监视系统智能化，全站电源一体化设计，并将辅助系统告警信号、测量数据通过站内智能接口机转换为标准模型数据后，接入一体化信息平台，视频监控可与站内监控系统在设备操作、事故处理时给予 GOOSE 信息协同联动。

5）对时系统。应具备全站统一的同步对时系统，对时系统应支持 SINP 协议和 IRIG – B 码输出，可支持 IEC 61850 精确网络对时协议。

为了实现智能变电站的上述功能，智能变电站应该具有的结构特点是：同综合自动化变电站一样，以面向对象（间隔）设计为主，面向功能设计为辅；采用按对象（间隔）设计的分层分布式（或网络）模式，通信以太网为主，现场总线和串口通信为辅，全开放式，所有智能电子设备（IED）通信接入。各智能单元及网络、监控后台基于 IEC 61850 设计，以适应未来技术的发展。

目前智能变电站设计模式主要为以下 3 种。

（1）基于站控层 IEC 61850 模式

此模式与传统的变电站自动化系统类似，是采用 IEC 61850 协议的过渡型数字化变电站。间隔层智能电子设备 IED（保护及自动化装置）仍然可被安装在间隔层设备上或集中组屏。过程单元与间隔层之间的关系保持原样，在间隔层单元与变电站层单元之间实现 IEC 61850 连接，按 IEC 61850 标准进行设备建模和信息交换。基于站控层 IEC 61850 模式如图 4-3 所示，该模式解决了传统变电站中智能设备的互联及信息互操作问题，可以在不改变电气一次设备本体结构的前提下，实现一次设备的智能控制，实时性强且可靠性较高，比现有的变电站数字化程度高。由于变电站智能设备的通信及功能被约束在 IEC 61850 标准范围内，信息和通信符合国际标准，整个系统中的每一个节点的信息传输被标准化，具有很好的可操作性，整个系统的维护、可扩充性能大幅度提高。二次设备在现有成熟的设备基础上完成，具有较高的实用性，适用于现阶段变电站的推广和老站改造。其缺点是过程层仍是模拟信号设备，数字化不完整。

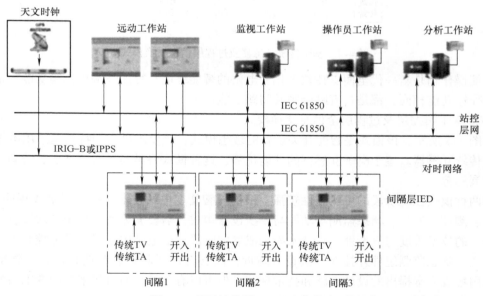

图 4-3　基于站控层 IEC 61850 模式

（2）基于传统互感器及过程层信息交换模式

如图 4-4 所示，这种模式在方式 1 的基础上将在线监测功能集成于一次设备本体，增加了过程层网络进行过程层信息交换。对于每一个间隔，配置了过程层设备合并单元、智能操作箱，将常规一次设备的信息及操作数字化，与之相关的间隔层智能电子设备 IED 则通过光纤以太网与对应间隔的合并单元、智能操作箱连接。IED 与合并单元、智能操作箱之间既可以点对点方式互联，也可以网络总线方式相连。其特点是原来一次设备与 IED 之间的传统的大量铜芯电缆被少量的通信光缆代替；建立了过程层网络，过程层的高速采样数据可以被不同类型的装置共享，简化了接线。

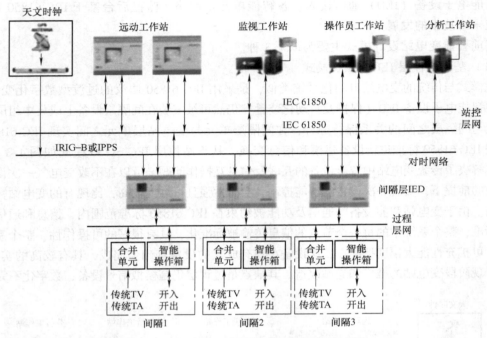

图 4-4 基于传统互感器及过程层信息交换模式

智能操作箱是新一代全面支持数字化变电站的智能终端。智能终端操作箱功能与常规变电站操作箱功能相同，都是具有跳合闸及防跳功能。

（3）基于站控层及过程层全信息交换模式

如图 4-5 所示，该模式是智能开关设备的理想模式，该模式最大的特点是采用电子互感器代替传统互感器。鉴于电子互感器的性能优势，这种模式将是高压及超高压、特高压变电站的发展趋势。

前两种模式在现阶段的可实施性较强，根据《智能变电站技术导则》附录 A 说明，"对于保护、测控、通信、状态监测等功能与一次设备集成，需要充分考虑传统二次设备与一次设备融合的技术难度与复杂性，在技术尚未成熟的阶段，变电站中应仍然是测控装置与保护装置独立，状态监测组件外挂在一次设备附近，试点工程（新建或改造）的设备智能化宜尽量采用集成方案提出的设计思路和技术规范，但可以有差异，而对将来智能变电站的推广则应当根据实际情况，可不采用集成方案。"

4. 几种现行的各电压等级智能变电站技术方案示意

（1）110kV 智能变电站体系架构

110kV 智能变电站体系架构如图 4-6 所示。

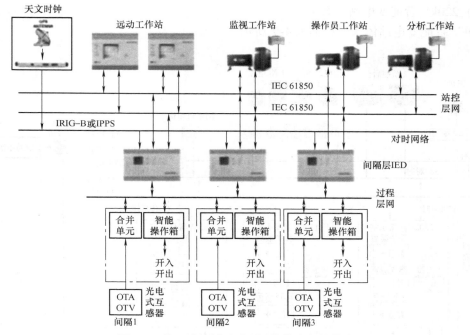

图 4-5 基于站控层及过程层全信息交换模式

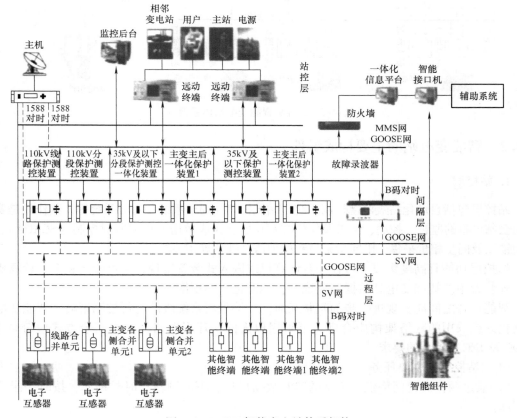

图 4-6 110kV 智能变电站体系架构

（2）220kV 智能变电站体系架构

220kV 智能变电站体系架构如图 4-7 所示。

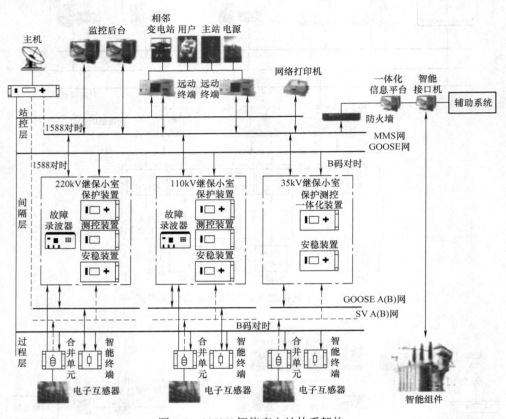

图 4-7 220kV 智能变电站体系架构

4.3.2 智能变电站的主要构成组件

1. 站控层

站控层包括自动化站级监视控制系统、站域控制、通信系统和对时系统等，其作用是实现面向全站设备的监视、控制、告警及信息交互功能，完成数据采集和监视控制（SCADA）、操作闭锁以及同步相量采集、电能量采集和保护信息管理等相关功能。

站控层功能宜高度集成，可在一台计算机或嵌入式装置实现，也可分布在多台计算机或嵌入式装置中。智能变电站数据源应统一、标准化，实现网络共享。

智能设备之间应实现进一步的互联互通，支持采用系统级的运行控制策略。智能变电站自动化系统采用的网络架构应合理，可采用以太网、环形网络，网络冗余方式应符合 IEC 61499 及 IEC 62439 的要求。

（1）站控层的主要任务

1）通过两级高速网络汇总全站的实时数据信息，不断刷新实时数据库，按时登录历史数据库。

2）按既定规则将有关数据信息送向调度或控制中心。

3）接收调度或控制中心有关控制命令并转间隔层、过程层执行。

4）具有在线可编程的全站操作闭锁控制功能。

5）具有（或备有）站内当地监控，人机联系功能，如显示、操作、打印、报警，甚至图像、声音等多媒体功能。

6）具有对间隔层、过程层诸设备的在线维护、在线组态、在线修改参数的功能。

7）具有（或备有）变电站故障自动分析和操作培训功能。

（2）站控层的主要组件

1）监控主机。监控主机是变电站的核心控制系统，具有防误闭锁逻辑判断、顺序控制、智能告警及综合分析、智能操作票管理、视频联动等功能，在不具备与调度实现智能互动的变电站、系统中还可以配置电压无功控制等智能高级应用功能。全站形成双百兆光缆网，各测控单元从变电站数据网中提取数据，通过变电站双光缆控制网，完成变电站测量控制，测控装置布置在配电区线路出线间隔下方或附近，实现完全下放方案。变电站控制、测量、信号等功能由监控设备完成。

2）操作员站。后台监控系统完成对变电站的实时监视和操作功能，为操作员提供了所有功能的入口，显示各种画面、表格、告警信息和管理信息，提供遥控、遥调等操作/监控界面并进行人机交互。负责整个系统的协调和管理，保持工程数据库的最新完整备份，组织各种历史数据并将其保存在历史数据库服务器，实现各种高级应用功能。

3）远动通信装置。通常采用双机冗余配置，需要时可以集成保护信息子站等系统功能。当它作为客户端采集全站信息并加以综合、处理时，可以作为透明代理服务器将变电站内的各种装置甚至虚拟装置映射为远方通信装置的 IEC 61850 服务器；它还可以完成 IEC 61850 与 IEC 61970 模型的自动映射管理，以实现跨站或其他应用系统的互动。另外，远动通信装置的软件除基础平台软件和必须的应用软件外，可选配和扩展不同的规约和接口软件。

4）继电保护信息管理系统。继电保护信息管理系统包括在调度端的应用和分析主系统和变电站侧继电保护信息管理子系统。在变电站可设置一台继电保护信息管理设备，通过光缆控制网采集保护信息，通过数据网收集电网故障录波信息。在变电站侧也可完成和实现分析功能，主要是通过变电站继电保护信息管理系统把有关信息发送至调度端。该系统能够提高继电保护维护和处理水平，可在事故分析、预防及双端故障测距等方面发挥作用。

（3）智能高级应用

1）智能操作票。智能操作票与监控系统合二为一，同一平台，通过图形操作、人机对话方式快速、正确、规范地生成符合电力用户现场要求的操作票。具有一体化图形、基于变电站实时信息的操作、自动（人工）预演等特点，将运行人员从繁重的手工开票工作中解脱出来，显著缩短倒闸操作所需的时间，提高电网运行效率。

2）视频联动。视频系统具备图形识别能力，能对户外刀开关或户内 GIS 刀开关的位置进行识别，并将识别结果送给监控一体化平台，作为设备操作的依据，同时视频系统也能接受监视系统操作对象的信号，自动对操作对象进行监视，实现高级监控功能。视频系统具备实时插件，能提供实时视频显示插件，嵌入监控系统图形界面以实时显示调整视频监控画面。

3）信息分层与智能告警系统。该系统在基于全站设备对象信息建模的情况下，研究全站告警信息的分类方法，研究信号的过滤及报警显示方案，研究告警信号间的逻辑关系，运行推理技术确定最终告警，研究基于对事故及异常处理方案的提示方法作为辅助决策，研究基于管理、检修和实时运行一体化的告警系统。

4）采用基于拓扑技术的推理，完成多层次的故障推理。由于条件复杂，必须通过拓扑技术获得设备间的带电状态和运行方式，结合相关的开关状态和变位信息、保护动作信息、测量值等综合推理，满足故障条件则通知告警窗并生成故障报告，供运行人员调阅。

5）程序化控制。通用化、标准化的建模、交互方式。建立一个大部分厂家都可以接受的通用的程控模型，规范各厂家与调度交互的通信过程、通信协议以及通信内容，使调度无差异地接收和处理程序化控制。

6）可视化控制。程控每一步执行的实际结果，经过视频联动最直接的方式反馈至调度端。如执行开关遥控后，被控开关的直接视频图像或经过图像处理后的结果被送至调度端。

7）组合程序化控制。对程序化控制执行的操作是一个复杂的执行序列。这些执行序列可以由几个单独的程控过程组成。程序控制具备合并多个典型程控、一次执行多个程控的功能。

8）监控五防一体化。监控五防一体化实现了监控后台、远动、间隔层二次设备的一体化五防设计。在这种模式下监控后台、远动、间隔层二次设备具有统一的数据模型、统一的闭锁规则组态、统一的闭锁逻辑判断，该模式简化了变电站五防系统结构。

9）变电站电量系统。智能化变电站实现了数据化和数据共享，电量采集和收集由变电站自动化系统统一完成，然后按要求送向调度端和用电部门。

10）变电站动态数据监测系统。智能化变电站中变电站动态数据监测功能由变电站自动化系统完成，及时把有关数据送往调度端，实现和完成全网的动态数据监测功能，对电网运行作出实时判断和诊断。

11）智能化电网设备状态在线监测系统。变电站一些主设备（变压器、断路器等）生产部门设置了一些在线监测设备，完成和实现主设备的在线监测功能。智能化变电站中要求主设备智能化，要求变压器、断路器、避雷器等主设备按电网要求可以输出本设备的状态信息量，接入变电站自动化系统，然后送往变电站维护中心，用于主设备状态监控和分析。在变电站的维护中心设置主设备在线状态分析和诊断系统，实时分析和监控电网主设备，及时提出分析和诊断报告，实现提前预先处理设备隐患，有利于保障电网稳定运行。

12）变电站智能设备接口。现在变电站内的设备很多，有保护、直流、五防、稳定装置等，接入形式及规约烦琐和复杂。应实现变电站内保护设备接入监控系统和变电站继电保护信息管理系统（保护与故障信息远传系统）的方案；实现故障录波设备有效接入变电站保护与故障信息远传系统，使整个系统达到完善的功能，接入合理和方便；实现变电站内直流、五防等设备有效接入变电站自动化系统的方案，形成功能完善的完整的系统。

2. 间隔层

（1）间隔层的主要功能

间隔层主要设备包括各种保护装置、系统测控装置、自动化装置、安全自动装置、监测功能等 IED 二次设备，其主要功能如下所述。

1）汇总本间隔过程层实时数据信息。

2）实施对一次设备保护控制功能。

3）逻辑控制功能的运算、判别、发令。

4）实施本间隔操作闭锁功能。

5）实施操作同期及其他控制功能。

6）对数据采集、统计运算及控制命令的发出具有优先级别的控制。

7）承上启下的通信功能，即同时高速完成与过程层及站控层的网络通信功能，必要时，上下网络接口具备双口全双工方式，以提高信息通道的冗余度，保证网络通信的可靠性。

（2）保护 IED 的配置原则

1）保护双重化的考虑。对于 220kV 以上系统，继电保护装置要求按双重化配置，电流互感器线圈和合并单元配置有两种方案。

方案一：保护用电流互感器线圈和合并单元按单套配置，经合并单元扩展后分别给两套保护装置提供数据，此方案当合并单元故障时，两套保护装置均停运。

方案二：保护用电流互感器线圈和合并单元按双套配置，并一一对应于双重化配置的两套保护，此方案符合保护双重化要求，推荐此方案，但投资大。

2）母线设备。500kV 保护双重配置，母线保护直接采样、直接跳闸，当接入元件数较多时，可采用分布式母线保护。220kV 母线保护也采用双重配置，配置一套测控装置；配置两套母联保护，配置一套三态测控装置。

3）断路器。500kV 断路器保护按断路器双重配置，出线有刀开关时，开关断路器保护应包含短引线保护功能。

4）变压器。500、220kV 主变压器保护配置两套独立的主后一体变压器电量保护盒，一套本体智能单元（含非电量保护）；主变压器测控装置采用四套三态测控装置；110kV 变压器电量保护按双套配置，每套保护包含完整的主、后备保护功能；变压器各侧 MU 按双套配置，中性点电流、间隙电流并入高压侧 MU。

5）线路。500、220kV 线路配置两套独立的保护装置，配置一套三态测控装置；110kV 配置一套保护测控一体化装置。

6）35kV 及以下设备。采用保护测控一体化设备，按间隔单套配置。电压、电流通过直接对常规互感器或低功率互感器采样的方式完成；断路器、刀开关位置等开关量信息通过硬接点直接采集；断路器的跳合闸通过硬接点直接控制方式完成；跨间隔开关量信息交换采用站控层 GOOSE 网络传输。

电网的保护设备包括系统保护和元件保护。在变电站形成系统中，保护装置应独立分散、就地安装，尽可能实现完全下放方案，保护装置安装运行环境应满足相关标准技术要求。各保护设备从变电站数据网中提取数字化的数据，以光缆双网口方式接入变电站公共光缆控制网，完成保护电网和主设备的功能。智能变电站继电保护与站控层信息交互采用 DL/T 860（IEC 61850）标准，跳合闸命令和联闭锁信息可通过直接电缆连接或 GOOSE 机制传输，电压电流量可通过传统互感器或电子式互感器采集。保护系统控制变电站断路器设备通过变电站公共光缆控制网完成和实现。

3. 过程层及 MU 配置方案

过程层包括变压器、断路器、隔离开关、电流/电压互感器等一次设备及其所属的智能组件以及独立的智能电子装置。过程层是一次设备与二次设备的结合面，或者说过程层是指智能化电气设备的智能化部分。过程层的主要功能分 3 类。

1）电力运行实时的电气量检测。

2）运行设备的状态参数检测。

3）操作控制执行与驱动。

装置可以采用集中式布置，也可根据变电站具体结构采用分布式布置。分布式结构各分布式单元与主控单元之间通过光纤直接连接，也可在三态测控装置中实现 MU 功能。

过程层配置模式。电子式互感器输出的数字信号须经过一个合并单元（简称为 MU）接口，以应对标准化接口。合并单元一般按间隔配置，它可以将一个单元内的电流、电压数字量合并为一个单元组，并将输出的瞬时数字信号填入同一数据帧内。MU 不仅可以采集电子互感器的输出数据，也可以采集和数字化传统互感器的测量值。

MU 与二次设备之间的连接可以采用点对点连接或光纤以太网连接。采用光纤以太网连接，带宽需求较大（以 MU 按间隔设计，采集 12 路量，每周波采集 200 点考虑，1 个 MU 大约需要占用 10Mbit/s 带宽），100Mbit/s 以太网远远不能满足要求，需要组建 1000Mbit/s 以太网。因此，现阶段采用点对点连接更为合适。

4. 状态监测及智能化一次设备的过程层

与传统的功能一样，状态监测主要是电流、电压、相位以及谐波分量的检测，其他电气量如有功、无功、电能量可通过间隔层的设备运算得出。与常规方式相比所不同的是，传统的电磁式电流互感器、电压互感器被光电电流互感器、光电电压互感器取代，采集传统模拟量被直接采集数字量所取代。这样做的优点是抗干扰性能强，绝缘和抗饱和特性好，开关装置实现了小型化、紧凑化。变电站需要进行状态参数检测的设备主要有变压器、断路器、刀开关、母线、电容器。

1）电抗器以及直流电源系统。在线检测的内容主要有温度、压力、密度、绝缘、机械特性以及工作状态等数据。

2）主变压器状态监测智能组件。主要监测油中溶解气体、油中微水、铁心接地电流、高压套管的介损和电容量、油温、局部放电、绕组温度、绕组变形等。

3）开关设备/GIS 状态监测智能组件。主要监测一次累计遮断电流，断合、分开关线圈电流，储能电机打压频度，SF_6 气体密度，微水，泄露，温度监测，局部放电监测。

4）容性设备智能组件。绝缘监测。

5）避雷器状态检测智能组件。阻性电流、总电流、动作次数。

6）状态检测服务器。各类设备状态监视服务器具备数据管理及分析功能，实现全站设备状态监视数据的传输、汇总和诊断分析。

5. 一体化信息平台

1）将异构系统的数据统一存取，大大提高了整体信息的交互性能，一些原受制于信息不完整或信息反馈时延长的功能将得到应用。

2）可以灵活组态，实现各种高级功能，满足工程的需要。

3）故障录波和网络记录分析。

4）按电压等级配置故障录波设备。对于 500、220kV 线路录波器采用双重配置，录波器两套分别挂在相应的过程层网络；对于 110kV 线路单套配置。

5）220kV 级以上智能变电站配置两套网络记录分析系统。该系统可以提供原始网络报文的记录与分析，监视智能变电站自动化网络节点的通信状态，综合分析变电站自动化网络运行情况，运行过程中的故障分析与判断提供帮助，有助于快速排除变电站自动化系统运行中已发生的故障并对潜在的故障进行防范。

6. 站控层网络

站控层采用 IEC 61850 - 8 - 1 通信规约，采用星形网络结构。220kV 及以上电压等级按双网配置，110kV 及以下电压等级变电站按单网配置（也可按用户需求进行双网配置）。

过程层 SV 网络、过程层 GOOSE 网络、站控层 MMS 网络完全独立，继电保护装置接入不同网络时，采用相互独立的数据接口控制器。

过程层 SV 数据支持以点对点方式接入继电保护设备。

采样值报文采用点对点方式，通信协议采用 IEC 61850 - 9 - 2 标准；采样值报文采用网络方式，通信协议采用 IEC 61850 - 9 - 2 标准。

500kV、220kV 站控网络采用冗余网络，网络结构拓扑采用双星形或单环形；110kV 站控网络结构拓扑宜采用单星形。

4.4 智能变电站主要的技术特征

1）数据采集数字化。智能化变电站采集和传输数字化电压、电流等电气量，不仅实现了一、二次有效的电气隔离，而且大大扩展了测量的动态范围与精度，使变电站的信息共享和集成应用成为可能。

2）系统分层分布化。智能化变电站采用了 IEC61850 提出的变电站过程层、间隔层、站控层的三层功能分层结构。过程层主要指站内的变压器、断路器、互感器等一次设备；间隔层一般按照断路器间隔划分，通常由各种不同的间隔装置组成，直接通过局域网络或串行总线与变电站层联系；变电站层包括监控主机、远动通信机等，设现场总线或局域网，实现变电站层以及与间隔层之间的信息交换。这种分层分布结构实现了以站内一次设备为面向对象的分布式配置，不同的设备均单独安装具有测量、控制和保护功能的元件，任一元件故障不会影响整个系统正常运行。采用分层分布式结构大大降低了对处理器的要求，而且具有自诊断功能，可以灵活地进行扩充。

3）系统结构紧凑化。紧凑型组合电器、智能化断路器等智能化一次设备集成了的更多的部件和功能，体积更小，这使得变电站的占地面积大幅减少，设备布置更加紧凑。各种体积小、重量轻、精度高、数字化的互感器、传感器的应用，不仅简化了一次设备的结构，而且数据的网络传输和共享，实现了二次回路连接的简化，甚至可以取消信号电缆。由于智能化断路器的出现，实现了一、二次设备的集成，控制与保护等越来越靠近过程对象，并可有机地集成在间隔或小室并靠近一次设备布置。过程层的数字化和网络化以及 IEC61850 的采用，使得整个变电站的功能和配置可以灵活地映射和分配到各个 IED（智能电子设备），许多功能的实现不再依赖独立的专用设备，这样系统的结构将更加简单紧凑，性能和可靠性越来越高。

4）系统建模标准化。智能化变电站采用了 IEC61850 对一、二次设备统一建模，定义了统一的建模语言、设备模型、信息模型和信息交换模型，采用全局统一规则命名资源，使变电站内及变电站与控制中心之间实现了无缝通信与信息共享。通过系统建模的标准化，消除了各种"信息孤岛"，实现了设备的互联开放，从而简化了系统维护、配置、扩展以及工程实施。

5）信息交互网络化。智能化变电站各层、各设备间信息交换都依赖高速网络通信完成，网络成为系统内各种智能电子装置以及与其他系统之间实时信息交换的载体。在过程层与间隔层之间，数字化的各种智能传感器的采样数据通过网络传输到间隔层，利角多播技术将数据同时发送至测控、保护、故障录波及相角测量等单元，进而实现了数据共享。因此二次设备不再出现功能重复的数据与 I/O 接口，而是通过采用标准以太网技术真正实现了数据及资源共享。

6）信息应用集成化。智能化变电站对常规变电站监视、控制、保护、故障录波等分散的二次系统装置进行了信息集成及功能优化。将间隔层的控制、保护、监视、操作闭锁、诊断与计量等功能和运行支持系统集成到统一的装置中，间隔内、间隔间以及间隔与变电站层的通信采用光纤总线连接。凡是过程层能完成的功能不再由间隔层处理，凡是间隔层能执行的功能不再由变电站层执行，各项功能通过网络组合在系统中，变电站层只是进行各功能的协调，不再需要传统变电站中完成不同任务的分隔系统及相应的通信网络，从而简化了网络结构和通信规约化。

7）设备检修状态化。在智能化变电站中，电压和电流的采集、二次系统设备状况、操作命令的下达和执行完全可以通过网络实现信息的有效监测，可有效地获取电网运行状态数据以及各种 IED 的故障和动作信息，监测操作及信号回路状态，设备状态特征量的采集没有盲区，设备检修策略可以从常规变电站设备的定期检修变成状态检修，从而大大提高了系统的可用性。

8）设备操作智能化。智能一次设备不仅可以获取整个系统及关联设备状态，而且可监测设备内部电、磁、温度、机械、机构动作状态，随着电子技术和控制技术的不断发展，采用新型传感器、电子控制、新控制方法构建参数、动作可靠迅速、状态可控可测可调的智能操作回路成为可能。

4.5 习题

1. 简述智能变电站的概念及主要的特征。
2. 变电站自动化系统的结构在物理上可分为_____和_____两层。从逻辑上将变电站功能划分_____、_____和 _____。
3. 什么是合并单元？
4. 什么是智能终端？
5. 简述智能变电站的三层两网的结构模式。
6. 过程层网络包括_____网和_____网。_____网用于间隔层和过程层设备之间的状态与控制数据交换。_____网用于间隔层和过程层设备之间的采样值传输，保护装置与本间隔的合并单元之间也采用点对点的方式接入_____数据。
7. 站控层和间隔层之间的网络通信协议采用_____，故也称为_____网。
8. 什么是直采直跳？什么是网采网跳？
9. 什么是智能操作箱？
10. 站控层的主要组件有哪些？
11. 间隔层主要装置有哪些？
12. 简述间隔层的主要功能。
13. 过程层包括哪些设备？简述过程层的主要功能。
14. 简述智能变电站主要的技术特征。

第 5 章 电子式互感器

5.1 电子式互感器的概念及分类

1. 电子式互感器的概念

电子式互感器是由连接到传输系统和二次转换器的一个或多个电流或电压传感器组成，用于传输正比于被测量的量，以供给测量仪器、仪表和继电保护或控制装置的一种装置。图 5-1 所示为常见电子式互感器。

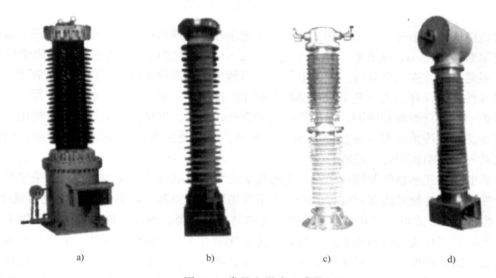

图 5-1 常见电子式互感器

a）电磁式互感器 b）电容式分压 TV c）光学 TA d）罗氏线圈 TA

2. 分类

按传感原理不同，电子式互感器分为有源式和无源式两种，电子式互感器分类如图 5-2 所示。图中同时展示了一些常见电子式互感器。

根据安装方式来分，电子式互感器可分为独立支撑型、独立悬挂型、GIS 型和套管型。

有源电子式互感器利用电磁感应等原理感应被测信号，对于电流互感器采用罗式线圈，对于电压互感器采用电阻、电容或电感分压等方式。有源电子式互感器的高压平台传感头部分具有需电源供电的电子电路，在一次平台上完成模拟量的数值采样（即远端模块），利用光纤将数字信号传送到二次的保护、测控和计量系统。

无源电子式互感器又称为光学互感器。无源电子式电流互感器利用法拉第（Faraday）

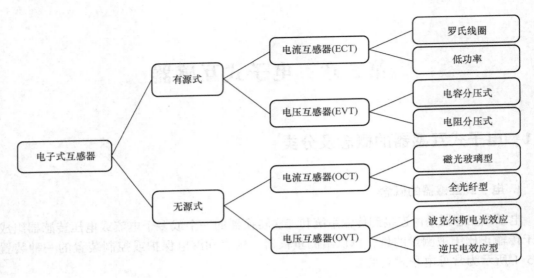

图 5-2　电子式互感器分类

磁光效应感应被测信号，传感头部分分为磁光玻璃和全光纤两种。无源电子式电压互感器利用波克尔斯（Pockels）电光效应或基于逆压电效应感应被测信号，现在研究的光学电压互感器大多是基于波克尔斯效应。无源电子式互感器传感头部分不需要复杂的供电装置，整个系统的线性度比较好。无源电子式互感器利用光纤传输一次电流、电压的传感信号，至主控室或保护小室进行调制和解调，输出数字信号至合并单元，供保护、测控、计量使用。无源电子式互感器的传感头部分是较复杂的光学系统，容易受到多种环境因素的影响，例如温度、振动等，影响实用化的进程。

有源电子式互感器的关键技术在于电源供电技术、远端电子模块的可靠性、采集单元的可维护性。基于传统互感器的运行经验，可不考虑罗氏线圈和分压器（电阻、电容或电感）故障的维护。GIS 式电子式互感器直接接入变电站直流电源，不需要额外供电，采集单元安装在与大地紧密相连的接地壳上。这种方式抗干扰能力强、更换维护方便、采集单元异常处理不需要一次系统停电。而对于独立式电子式互感器，在高压平台上的电源及远端模块长期工作在高低温频繁交替的恶劣环境中，其使用寿命远不如安装在主控室或保护小室的保护测控装置，还需要积累实际工程经验；另外，当电源或远端模块发生异常、需要维护或更换时，需要一次系统停电处理。

无源式电子式互感器的关键技术在于光学传感材料的稳定性、传感头的组装技术、微弱信号调制解调、温度对精度的影响、振动对精度的影响、长期运行的稳定性。但由于无源电子式互感器的电子电路部分均安装在主控室或保护小室，运行条件优越，更换维护方便。有源或无源电子式互感器的应用，均大大降低了占地面积，减少了传统互感器的二次电缆连线，是互感器的发展方向。无源电子式互感器可靠性高、维护方便，是独立安装的互感器的理想解决方案。

3. 电子式互感器的主要技术参数

与常规互感器相同的主要技术参数为绝缘水平、工频耐电压、雷电冲击和操作冲击等。

有别于常规互感器的主要参数及技术要求如下所述。

1）二次输出额定值：电流测量 2D41H、电流保护 01CFH、电压测量 2D41H。

2）额定延迟时间：数据处理和传输所需时间的额定值。

3）相位误差：相位差减去额定延迟时间。

4）保护用电流互感器误差限值。

4. 电子式互感器的主要优缺点

主要优点如下所述。

1）绝缘结构简单、体积小、重量轻、造价低。

2）不含铁心，消除了磁饱和、铁磁谐振等问题。

3）抗电磁干扰性能好，低压侧无开路和短路危险。

4）没有因充油而产生的易燃、易爆等危险。

5）暂态响应范围大，测量精度高。

6）频率响应范围宽，适应了继电保护和微机保护装置的发展。

7）有利于实现变电站数字化、光纤化和智能化。

主要缺点如下所述。

有源电子式互感器的高压平台传感头部分具有需电源供电的电子电路，在一次平台上完成模拟量的数值采样（即远端模块），日常运行时需注意检查电源是否正常。

而无源电子式互感器的代表——光电式互感器，在工程应用上存在的主要问题是：温度的变化会引起光路系统的变化，引起晶体除具有电光效应外的弹光效应、热光效应等干扰效应，导致绝缘子内光学电压传感器的工作稳定性减弱。

影响电子式互感器准确度的主要因素有两方面：一方面为传感器误差和数值处理误差，传感器误差与互感器的传感原理和制造工艺相关；另一方面为数值处理误差主要是计算的舍入误差。

5.2　电子式电流互感器

5.2.1　罗氏线圈电流互感器

基于罗柯夫斯基线圈的电流互感器是目前比较成熟、采用最为广泛的一种电子式互感器。罗氏线圈为均匀缠绕在环状非殊磁性骨架上的空心线圈，骨架采用塑料、陶瓷等非铁磁材料，其磁导率与空气的磁导率相同，这是空心线圈有别于带铁心的电流互感器的一个显著特征。其基本原理仍然为法拉第电磁感应原理，即一次电流 i 产生的交变磁场在线圈两端感应出电动势 e，$e(t) = -M\dfrac{\mathrm{d}i}{\mathrm{d}t}$，式中，$M$ 为比例系数。可见，e 与 i 的变化率成正比，如此则可以通过将实测的 e 的数值积分得到 i 的数值，然后进行"模-数"转化并调制成光信号进行传输。电子式电流互感器工作原理如图 5-3 所示。

图中调制单元需要电源，所以称为有源式光电电流互感器，又因为在互感器配置中有电子电路，所以又称为电子式电流互感器（ECT）。目前普遍利用激光供电技术实现对高压侧

图 5-3　电子式电流互感器工作原理

电子模块供电。ECT 最大的优点是不会出现磁饱和现象，即测得的二次电流和实际的一次电流始终符合理论变比。

　　基于罗氏线圈的电流互感器结构如图 5-4 所示。

　　罗氏线圈的优点如下所述。

　　1）罗氏线圈电流互感器消除了磁饱和现象，还提高了电磁式电流互感器的动态响应范围。

　　2）由于它不与被测电路直接接触，所以可方便地对高压回路进行隔离测量。

　　罗氏线圈的电子式互感器虽然没有铁心，不存在铁磁饱和问题，测量范围很大（可达 50 倍额定电流），但是由于制造工艺和成本问题，其精度一般为 0.5S，适用于大范围、低精度的保护中。

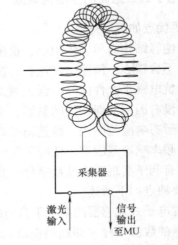

图 5-4　基于罗氏线圈的电流互感器结构

5.2.2　低功率电流互感器（LPCT）

　　罗氏线圈的电子式互感器的精度难以满足测控及计量设备的使用要求。目前普遍的做法是在同一互感器中配置一个罗氏线圈为保护设备提供数据，再配置一个低功率电流互感器为小范围、高精度要求的测量和计量提供数据。

　　LPCT 的工作原理与常规电流互感器相同，只是其输出功率要求很小，因此其铁心截面积就较小。LPCT 上包含一次绕组、小铁心和损耗极小的二次绕组，后者并联了一个取样电阻 R_{sh}，用于将电流输出转换成电压输出。其结构如图 5-5 所示。二次电流在电阻 R_{sh} 上产生的电压，在幅值和相位上正比于一次电流，R_{sh} 集成于 LPCT 中，其阻值的选取应使其对互感器的功耗近于零。因而极大地扩大了测量范围，电流互感器在一次电流很高（或偏移）下会饱和的问题将得到极大改善，可见测量和保护可使用同一互感器。

　　LPCT 采用了特殊退火工艺的铁镍微晶合金钢片铁心，其磁导率为常规互感器铁心磁导率的 40 倍左右，使传统电磁式互感器在一次电流非常高（或偏移）下出现饱和的问题得到了极大的改善，并因此显著扩大了电流的测量范围，降低了功率消耗，除了量程比较宽外，LPCT 可以设计得尺寸比传统电磁式电流互感器小很多。铁心线圈式低功率电流互感器电流互感器按照高阻抗电阻设计，LPCT 的输出依靠长期稳定的内部电阻变换得到可重复的精确结果，所以电阻性质必须在很宽的温度范围和很长的时间内保持稳定。

　　LPCT 的优点：①使传统电磁式互感器在非常高（偏移）一次电流下出现饱和的基本特性得到改善，并因此显著扩大测量范围；②总消耗功率的降低，使低功率电流互感器有可能

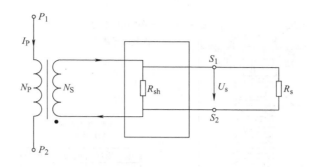

图 5-5　低功率电流互感器的结构

准确地测量短路电流，甚至是全偏移短路电流；③测量和保护可共用一个铁芯线圈式低功率电流互感器，其输出为电压信号；④尺寸可以设计得比传统电磁式电流互感器小；⑤具有输出灵敏度高、技术成熟、性能稳定、易于大批量生产。

LPCT 在一定电流范围内可做测量和保护公用，中压系统中已有具体应用。由于其本质还是一种电磁型的互感器，所以绝缘问题仍然存在，在中压系统中还应重点关注。

5.2.3　无源电子式互感器

1. 无源电子式互感器利用的原理

无源电子式互感器又称为光学互感器。无源电子式电流互感器（OCT）利用法拉第（Faraday）磁光效应感应被测信号，传感头部分分为磁光玻璃和全光纤两种。无源电子式电压互感器（OVT）利用波克尔斯（Pockels）电光效应或基于逆压电效应或电致伸缩效应感应被测信号，现在研究的光学电压互感器大多是基于波克尔斯效应。

无源电子式互感器传感头部分不需要复杂的供电装置，整个系统的线性度比较好。无源电子式互感器利用光纤传输一次电流、电压的传感信号，至主控室或保护小室进行调制和解调，输出数字信号至合并单元，供保护、测控和计量使用。无源电子式互感器的传感头部分是较复杂的光学系统，容易受到多种环境因素的影响，例如温度、振动等，影响实用化的进程。

2. 基于法拉第磁光效应的电流互感器结构及特点

当一束线性偏振光通过磁场作用下的介质传播时，其偏振平面受到正比于平行传播方向的磁分量作用而旋转，这种线性偏振光在磁场作用下的旋转现象，称为法拉第磁光效应。通过测量光通过载流导体的磁场后产生的偏振光法拉第旋转角的变化来测量电流。

图 5-6 所示为光学电流互感器结构示意图，当光学电流互感器一次载流导体上通过电流时，在其传感器内部就会产生与其大小及相位相关联的磁场。二次采集装置通过 ST1、ST2 分别向光学电流传感元件 1 及光学电流传感元件 2 发送两束标准光，经过光学传感器内的磁场后其偏振角发生变化，经采集装置的 ST7 – ST10 接收。采集装置经过逻辑计算及转换由 ST4（或 ST5、ST6）输出至合并单元。

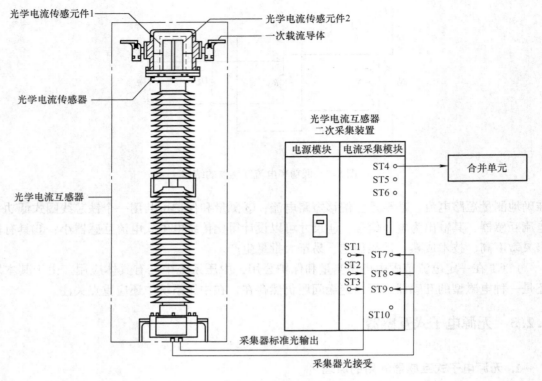

图 5-6　光学电流互感器结构示意图

光学电子式电流互感器特点如下所述。

1）传感元件和传输元件都是光纤。

2）输入和输出光路通过同一根光纤，抗干扰能力大大提高，安全可靠性高。

3）传感光纤环闭合结构杜绝了光纤环外的干扰影响。

5.2.4　全光纤型电流互感器

常见的全光纤型电流互感器的基本原理一般采用法拉第效应，并常采用偏振检测方法或基于干涉监测方法。基于干涉监测方法的电流互感器主要采用赛格耐克环形结构或赛格耐克反射结构。

光源发出的光通过波导传至线性偏光器，然后经过偏振分离器（产生两束线性偏振光波），最后到达相位调制器。然后这两束偏振光通过光纤从控制室传到传感头并通过1/4波长滤波器产生右旋和左旋偏振光，在围绕导线的光纤环中传播，到达终点时遇到反射镜，光线沿同样的路径返回。当光线环绕导线传播时，导线中的电流由于法拉第效应产生磁场，该磁场使两束光的相位产生偏移。光波沿光路返回后，最终到达光学探测器，通过电子器件检测出相位漂移（两束光波的相位偏移与通过导线的电流成正比），然后，显示单元将电流数值以模拟量或数字量传至最终用户。全光纤电流互感器原理如图5-7所示。

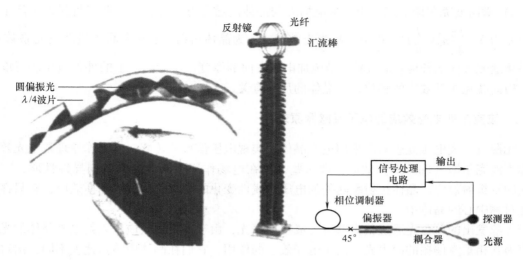

图 5-7　全光纤电流互感器原理

5.3　电子式电压互感器

电子式电压互感器根据传感原理的不同主要有光学电压互感器、电容分压式电压互感器和电阻分压式电压互感器。电容分压式电压互感器具有绝缘性能强、瞬时性能好等优点，但分压器的电容值会随环境温度的变化而偏离起始值，因此会降低测量精度。电阻分压式电压互感器采用精密电阻分压器作为传感组件，传感部分技术成熟，具有结构简单、测量精度高、体积小、重量轻等优点。但受电阻功率和绝缘的限制，主要应用于同等级的中低压配电领域。

5.3.1　基于波克尔斯电光效应的电压互感器

1. 波克尔斯电光效应原理

波克尔斯电光效应：电光晶体在电场作用下会发生折射率改变，将使得沿特定方向的入射偏振光产生相应的相位延迟，且延迟量与外加电场成正比。波克尔斯效应有两种工作方式：一种是通光方向与被测电场方向重合，称为纵向波克尔斯效应；另一种是通光方向与被测电场方向垂直，称为横向波克尔斯效应。

1）纵向波克尔斯效应。当一束线偏光沿与外加电场 E 平行的方向入射处于此电场中的电光晶体时，由于波克尔斯效应使线偏光入射晶体后产生双折射，于是从晶体出射的两双折射光束就产生了相位差，该相位差与外加电场的强度成正比。利用检偏器等光学元件将相位变化转换为光强变化，即可实现对外加电场（或电压）的测量。其表达式为 $\delta = \dfrac{2\pi}{\lambda_0} n_0^3 \gamma U$，式中，$\delta$ 为由波克尔斯效应引起的双折射的两光束的相位差；λ_0 为光波长；n_0 为晶体折射率；γ 为晶体线性电光系数；U 为晶体上的外加电压。可以看出，此相位差正比于加在晶体上的电压，与晶体厚度即晶体的外形尺寸无关。

2）横向波克尔斯效应。当外加电场 E 与晶体的通光方向垂直时，两双折射光束产生的相位差为 $\delta = \frac{2\pi}{\lambda_0} n_0^3 \gamma \frac{l}{d} U$，式中，$\lambda_0$ 为光波长；n_0 为晶体折射率；γ 为晶体线性电光系数；l 为晶体通光方向的长度；d 为晶体沿施加电压方向的厚度；U 为晶体上的外加电压。可以看出，横向波克尔斯效应的相位差与晶体的尺寸有关。

2. 波克尔斯电光效应的电压互感器原理

无源电子式电压互感器多采用电光晶体来实现电压信号的传感，其工作原理是电光效应或称为波克尔斯（Pockels）效应，即一些晶体在电场作用下会改变其各向异性性质，产生附加的双折射效应。晶体折射率随外加电压呈线性变化的现象称为波克尔斯效应，它只存在于无对称中心的晶体中。

光源发出的单色光通过偏振器后变成线偏振光，由于双折射效应，入射电光晶体的光束会变为互相垂直偏振的两束光；由于电光效应的作用，它们在晶体中传播速度不同，出射时有一定的相位差，与晶体外加电场成正比；可用检偏器把它们变成偏振相同的相干光，从而产生干涉，将相位调制光变成强度调制光，通过光强度测量可获得电压数据，即检测输入与输出光线之间的强度变化，从理论上可以得出输入光强 I_{in}、输出光强 I_{out} 与晶体上所加的被测电压 U 之间的关系。图 5-8 所示为基于波克尔斯电光效应的电压互感器原理。

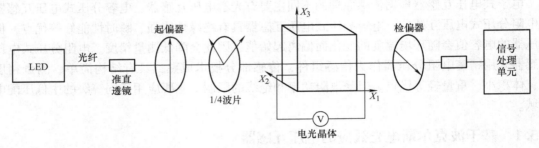

图 5-8 基于波克尔斯电光效应的电压互感器原理

3. 逆压电效应电压互感器

逆压电效应是材料所受的机械能和电能转化的一种现象，这是压电材料晶格内原子特殊的排列方式使它自身内部的应力场与电场耦合的结果。压电效应反映了晶体的弹性性能与介电性能之间的耦合。当在压电晶体上加一电场时，晶体不仅要产生极化，还要产生应变和应力，这种由电场产生应变或应力的现象称为逆压电效应。逆压电效应是由电场变化导致材料内部应力变化，表现出来就是材料有了宏观上的伸缩。

无源式电子式电压互感器产品开发和生产还需开展进一步的研究和试验工作。

5.3.2 电学原理电压互感器

根据其传感原理，光学电压互感器具有不存在磁饱和、精度高等优点。它利用光纤传递信息，抗干扰能力强，还能起到测量回路和高压回路电气隔离的作用，因而绝缘结构比传统互感器简单，并能减小体积、降低重量，有着传统电磁式互感器无法比拟的优点。然而，采用电光晶体或压电晶体管作为传感组件，其原理都是依据晶体在外加电场的作用下产生的电极化效应来实现对电场或电压的测量。因而环境温度及应力等外界作用将引起晶体的附加极化并形成对电场极化的干扰，影响工作稳定性。虽然可以采取一些措施消除或降低温度或外界应力对光学电压互感器的影响，但这同时往往使传感头光路、电路变得更复杂，对传感头的加工与固化工艺的要求也更高。

除采用光学晶体做电压传感器之外，目前电学原理电子式电压互感器在变电站中也得到了较为广泛的应用。这种电压互感器的电压传感部分按不同的传感原理，可以分为电阻分压式、电容分压式和阻容分压式 3 种，其结构主要包括 3 个部分，即分压器部分、一次和二次的隔离部分及数字信号处理部分。对于电阻式分压器，由于电阻不是储能组件，没有饱和及谐振问题，不会给电力系统引进谐振等瞬时问题。但是往往由于杂散电容难以屏蔽，会引起一定的相位差，有时这种误差还相当大。因此在电压等级较高及环境复杂（杂散电容不易屏蔽）的情况下，电阻分压器的使用就受到了很大的限制，致使其主要在低压领域使用。相对于电阻分压器，电容分压器的优点更加突出。首先，和电阻分压器一样，结构比较简单，使用经验较多，相对于光学互感器来说更容易实用化，而且不含电磁单元，不存在铁磁谐振问题；其次，由于本身是电容结构，杂散电容的影响不会产生相位误差，只要结构设计合理，比差也可以控制在很小的范围内；再次，由于电容本身基本不消耗能量和发热，温度稳定性也相对较好，因此在高压领域应用较为广泛。

1. 电阻分压式电压互感器的工作原理

电阻分压式电压互感器的工作原理如图 5-9 所示。分压器由高压臂电阻 R_1 和低压臂电阻 R_2 组成，电压信号在低压侧取出。为防止低压部分出现过电压和保护二次侧测量装置，必须在低压电阻上加装一个放电管或稳压管 VS，使其放电电压略小于或等于低压侧允许的最大电压，其中，U_1 为高压侧输入电压，U_2 为低压侧输出电压。为了使电子线路不影响电阻分压器的分压比，加一个电压跟随器。

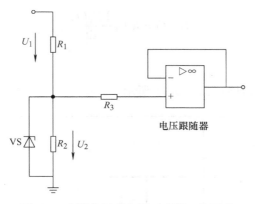

图 5-9　电阻分压式电压互感器工作原理

实际上，电阻分压器存在着测量误差。分压器与其周围地电位的物体间存在的固有电场所引起的杂散电容，是造成测量误差的主要原因。除此以外，电阻组件的稳定性、高压电极电晕放电和绝缘支架的泄漏电流等，都会带来测量误差。在高电压下，电阻尺寸显著增加，必须考虑分压器对地和对高压引线的分布电容，因而电阻分压器通常应用在 35kV 及以下电压等级的场合。

2. 电容分压式电压互感器的工作原理

电容分压器是信号获取单元，经过多年的发展与应用，技术已经相当成熟，是高电压系统较理想的信号获取方式，电容分压式电压互感器的工作原理如图 5-10 所示。图中 C_1、C_2 分别为分压器的高、低臂，U_1 为被测一次电压，U_{c1}、U_{c2} 为分压电容上的电压。

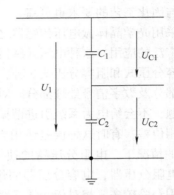

$$U_{c2} = \frac{C_1}{C_1 + C_2} U_1 = k\, U_1$$

式中，k 为分压器的分压比，$k = C_1/(C_1 + C_2)$。只要适当选择 C_1、C_2 的电容量，即可得到所需的分压比，这就是电容分压器的分压原理。

图 5-10　电容分压式电压互感器的工作原理

3. 阻容式电压互感器的原理

电容分压是通过将柱状电容环套在导电线路外面来实现的，柱状电容环及其等效接地电容构成了电容分压的基本回路。考虑到系统短路后，若电容环的等效接地电容上积聚的电荷在重合闸时还未完全释放，便会在系统工作电压上叠加一个误差分量，严重时还会影响到测量结果的正确性及继电保护装置的正确动作，长期工作时等效接地电容也会因温度等因素的影响而变得不够稳定，所以对电容分压的基本测量原理进行了改进，在等效接地电容上并联一个小阻值电阻 R 以消除上述影响，从而构成了阻容分压式电压互感器。电阻上的电压降 U_0 即电压传感头输出的信号。

$$U_0(t) = R\, C_1 \frac{\mathrm{d}\, U_1(t)}{\mathrm{d}t}$$

其中，$R \ll \dfrac{1}{C_2}$。

阻容分压式电压互感器原理如图 5-11 所示。

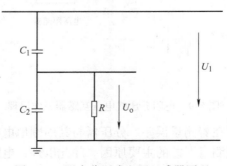

图 5-11　阻容分压式电压互感器原理

GIS 阻容分压式电压互感器是利用 GIS 的特点，将一次导体、中间环形电极及接地壳体构成同轴电容分压器，在低压电容 C_2 上并联精密电阻 R 可以消除导线等分布电容的影响，其结构如图 5-12 所示。

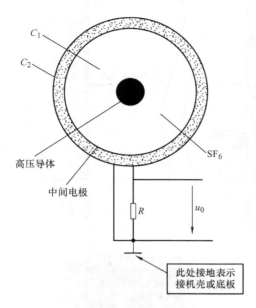

图 5-12　阻容分压式电压互感器结构

其特点是：高压和低压间以 SF_6 气体绝缘，绝缘结构简单可靠；采用基于气体介质的电容分压测量技术，精度高、稳定性好；可将电流互感器与电压互感器组合为一体，实现对一次电流及电压的同时检测。

5.4　电压电流一体化互感器

随着开关电器智能化和小型化的发展，出现了将电流、电压互感器集于一身的组合式电流电压互感器。这种互感器大致有两类：一类是用于高电压尤其是 110kV 以上电压等级的光电一体化互感器，它利用电光效应和磁光效应来测量高电压和大电流；另一类基于电阻或电容分压器和罗氏线圈进行电压、电流测量，适用于小绝缘距离的高电压系统，电阻分压器与罗氏线圈组合用于 10～35kV 系统，电容分压器和罗氏线圈组合用于 110kV 以下的高电压系统。组合式的互感器同时采集电流和电压信号，结构紧凑，并且结合了现代传感器技术、数字技术和计算机技术，体现了新型互感器的优点，同时简化了测量、取消了母线电压互感器的配置、简化了电压并列和切换的问题。目前，一体化互感器应用最多的是 10～35kV 的低压开关柜用互感器，由于其安装于开关柜中，距离保护、计量设备很近，一般采用小信号模拟量（例如：保护电流为 200mA，测量电流为 4A，电压为 $4/\sqrt{3}$ V）输出直接接入装置，而不再采用数字化变电站中常用的数字式输出模式，一体化互感器如图 5-13 所示。

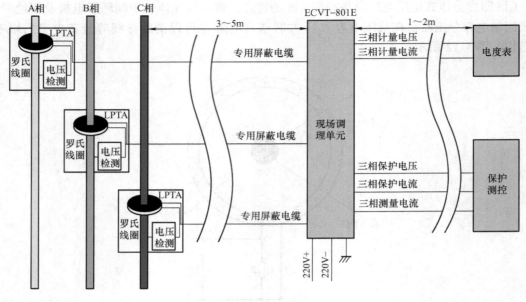

图 5-13　一体化互感器

5.5　电子式互感器的数据接口

1. 合并单元的功能

新的 IEC 标准使用了电子式互感器数据接口的概念，并定义了一个新的物理单元——合并单元（Merging Unit，MU）。合并单元作为电子式互感器、智能化一次设备、传统互感器与智能化二次保护、测控和计量设备的中间连接环节，其主要功能是接收一次设备的信号，对采样的数据进行汇总，根据二次接入设备的要求，输出相同或不同的数值和开关信号，同时可接收二次设备的命令输出信号至智能化一次设备，可以作为互感器的一个组件，也可作为分立元件装置在控制室内。合并单元输入、输出示意图如图 5-14 所示。

现有的 IEC 标准规定的典型做法是将 7 个电流互感器、5 个电压互感器的二次变换器组成一个合并单元，将所有的测量转换为数字量串行输出。合并单元可向二次设备提供时间上一致的电压、电流量。合并单元能够同时处理一个间隔内的 12 路电量，即测量用三相电流、

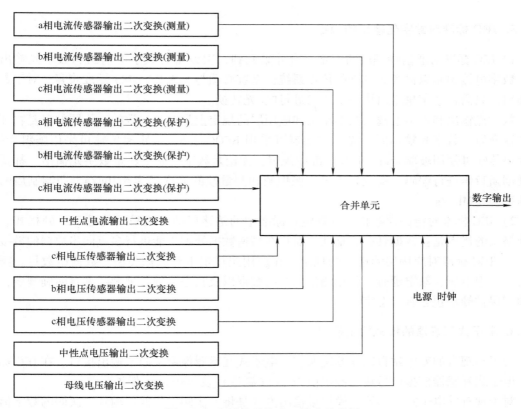

图 5-14 合并单元输入、输出示意图

保护用三相电流、中性点电流、三相电压、中性点电压和母线电压。合并单元将12路数字输出信号打包成帧，即保护帧和测量帧的信号，最后传送给二次设备。

合并单元主要用于接收采集器的数字信号和来自电磁式互感器的模拟信号，对这些信号合并、处理后以光信号方式对外提供数据。主要提供以下功能。

1）接收并处理多达12路采集器传来的数据。合并单元的 A－D 采样部分，可以采样交流模块输出的最多12路的模拟信号。

2）接受采集器的工作状态，根据需要调整激光电源的输出。

3）接收站端同步信号。

4）接收其他合并单元输出的FT3报文。

5）合并处理所采集的数据后，按照 IEC 61850－9 标准要求，以 100Mbit/s 光纤以太网方式输出数据，还可以用 FT3 格式输出 IEC 60044－8 规定格式的报文。

6）合并处理还可以通过 100Mbit/s 光纤以太网接入过程层 GOOSE 网络，接收断路器位置信号用于 TV 并列或切换。

2. 不同电压等级下合并单元配置方案

220kV 及以上电压等级合并单元应采用双套配置和保护相对应。110kV 及以上电压等级合并单元宜采用单套配置，和保护相对应。110kV 及以下电压等级主变压器保护如果采用双套配置，合并单元也应采取双套配置。

3. IEC 标准对数字化输出的规定

1）IEC 标准对通信物理层的规定。合并单元到二次设备有数字电输出和数字光输出两种。数字电输出是以铜线为基础的传输系统，系统必须与 EIA RS–485 标准兼容。对于数字光输出，只需将数字量输出按一定要求进行电/光转换。

数字光输出和数字电输出在链路层和应用层的规定上是完全一致的，不同的只是物理层的传输介质。数字光输出时，光纤连接器可采用 BFOC/2.5，近距离传输可采用塑料光纤，远距离传输可使用玻璃光纤。IEC 标准中规定，无论是数字电输出还是数字光输出，都要采用曼彻斯特码进行编码：高位先传送，保护帧和测量帧的速率都为 5Mbit/s，即调制后的传输速率为 5 Mbit/s。

2）IEC 标准对链路层帧格式的规定。标准中的链路层帧格式采用的是 FT3 帧格式。这种帧格式的优点是：数据具有完整性，而且在高速数据处理中能进行多点同步数据的链接。

3）IEC 标准对应用层帧格式的规定。在应用层规定中对数据类型、数据组数目、额定电流、额定电压、额定延时、各相测量保护的数据以及状态值等各项参数都有明确规定，测量帧和保护帧都包含有状态字。

4. 电子式互感器的模拟输出接口

为了与现有的变电站自动化系统兼容，电子式互感器保留了模拟输出接口。在 IEC 标准中，电子式互感器模拟信号输出额定值为 4V（测量）及 200mV（保护）。

对于现有的电子式互感器，模拟量输出方式是将一次侧采集器传输到二次侧的数字信号经过 D–A 转换器还原成为模拟信号，对模拟信号进行放大、滤波、移相、缓冲输出处理后，再按照传统互感器二次输出侧标准与电能表、控制保护等二次设备连接，此时二次设备无需改动，其 A–D 转换器依旧保留。

5. 扩展仪用传感器单元

为了提高电子式互感器的应用兼容性，以适应于不同层次的变电站自动化系统，同时满足部分老变电站技术改造升级需求，IED 标准中定义了扩展仪用传感器单元（ITU），ITU 具备了 MU 的功能，可以接收电子式互感器输出的数字量或模拟量信号，同时也具备将传统互感器的输出模拟量进行数字化的功能和输出模拟量的功能，可以实现与不同系统有效对接。

ITU 的设计遵循模块组件化原则，ITU 中含有合并单元、数据通信模块、集成故障录波仪和时钟控制装置等模块，ITU 装置的功能结构图如图 5-15 所示。ITU 装置实现了过程层与间隔层设备的点对点和过程总线通信，

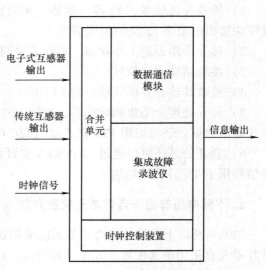

图 5-15　ITU 装置的功能结构图

并可方便地升级到 IEC61850-9-2 标准通信协议。以 ITU 为底层基本处理单元，取代传统互感器和二次电缆，实现光电传感器在智能变电站的应用。

6. 智能变电站实现电子式互感器与二次设备的数据接口方式

根据电子式互感器国际标准 IEC 60044-7/8，电子式互感器有两种输出方式：①模拟信号输出（小信号模拟量输出的电子式互感器），额定值为 4V（测量）及 200mV（保护）；②数字信号输出，额定值为 2D41 H（测量）及 1CFH（保护）。

目前，智能变电站实现电子式互感器与二次设备的接口主要有两种方式。

1）对于在低电压等级采用小信号模拟量输出的电子式互感器的情况，通过采集器将互感器输出的模拟量信号转化为数字量输出，然后通过合并单元接入保护测控装置。

2）对于采用数字量输出的电子式互感器，互感器输出直接接入合并单元，通过合并处理输出至保护测控装置。无论从系统可靠性或技术发展角度考虑，本方式更具优势和革新意义。

站总线会处理变电站层和间隔层的装置之间的通信，过程总线处理间隔层装置和智能化一次设备，如断路器、变压器和互感器之间的通信。

过程总线最终将用来取代间隔层的过程和保护、控制装置之间的点对点的通信连接，通信主要是基于和站总线相同的服务。过程总线有两种另外的服务：①保护装置和断路器之间跳闸命令的快速、可靠传输；②对非常规传感器的瞬时数据的传输。这两种服务对通信都提出了很高的要求，选择快速的以太网来作为过程总线的基本技术。所有站总线和过程总线上的公共服务可以用同一种方式来映射。由于跳闸命令性能要求较高和循环瞬时数据的传输要求，所以不能采用 MMS。基于这个原因，这些服务被直接映射到以太网上以实现传输的最大性能和控制要求。

5.6 电子式互感器的运行检查与检修

电子式电流、电压互感器在投运前，应依据订货合同及技术协议进行参数确认及质量验收；投运后，应进行必要的运行检查、巡查和定期的维护。考虑到高电压等级（66kV 以上）的电子式电流互感器采用光隔离绝缘，所以不再进行与油、气状态相关的检查和记录，关注重点应以外绝缘、电子线路、光通信线路和辅助电源的运行状态为主，电子式电压互感器应根据互感器的绝缘结构关注互感器本体的绝缘状态，并定期巡检和维护电子线路、通信线路等。

与电磁式互感器相同的项目，如外绝缘、抗污染、动热稳定和测量误差变化等仍沿用电磁式互感器的巡检维护的有关规定（执行 DL/T 596-1996《电力设备预防性试验规程》）。

5.6.1 运行检查

1. 投运前检查

新安装（或更换）的互感器投运前应检查如下内容。

1）电子式互感器应在铭牌（或说明书）规定的技术指标范围内运行。

2）电子式互感器的接地点，具有"零电位"（对单相分压式电压互感器）、"数字逻辑地"（电连接的数字信号）、"保护地"等多重作用，所以产品上标明的接地点螺栓应可靠接地，接地线为明线以便查验，禁止以底座接地代替接地点接地、虚挂接地以及运行中接地线开路。

3）互感器一次端子板连接可靠（确保面接触），保证在任何季节和检修时其机械负荷不超出制造厂规定。

4）互感器的二次接线应稳定可靠，极性关系正确。

5）互感器外绝缘爬电距离及伞群结构应满足安装地点污染等级及防雨闪要求，户内互感器应满足相应的污秽等级及凝露试验要求。

6）互感器安装位置应在变电站过电压保护范围内，防止直击雷或侵入波造成破坏。

7）电压互感器允许的最高运行电压及额定时间应遵守国标规定。

2. 巡视周期

1）变电站值班人员应定期巡视。新投运的互感器设备应监视运行48h，之后转入正常巡视，监视期间应根据投运后的情况多次巡查。

2）正常巡视。有人值班变电站每周至少一次，包括夜间闭灯巡视；无人值守变电站每月至少一次。

3）高温、高湿、气象异常、高负荷、自然灾害期间和事后，应及时巡视。

3. 巡视项目

1）外观巡视。检查外观是否完好，各连接处是否牢靠，电接点是否有发热、变色、跳火，外露接点是否严重锈蚀。

2）与互感器相关的仪表指示（测量值、保护值）是否在正常范围内。

3）互感器外绝缘是否清洁，有无裂纹、积灰及放电现象或留有放电痕迹。

4）有无异常振动、交流声过大或异常音响，接地螺栓是否因振动而松脱。

5）有无发自互感器本体的挥发性异味。

6）外露的通信线路连接是否完好无损。

5.6.2 定期检修

电子式互感器的检修分小修和大修。电子零部件调整、外表清理、补漆、小金件更换和连接紧固等操作属于小修，可在现场进行。电流、电压互感器的内部传感部件更换或解体维修属于大修，可根据故障情况在大修间或返厂维修。浇注式互感器无大修。

1. 检修周期

1）小修1~3次/年，结合预防性试验一起进行，可根据变电站所在地的污染程度、气候、灾变、异常程度和负荷大小确定。

2）大修应根据预防性试验结论及运行情况决定。

3）临时性检修视运行中问题的严重程度确定。

2. 检修项目

1）外部检查及绝缘清理。

2）检查、紧固一、二次接线。

3）更换损坏金件。

4）对脱漆面补漆。

5）对二次输出值不正常的互感器进行校验和重新调准。

6）对运行或试验中的不正常电子器件、模块进行维修或更换。

7）对有问题的通信线路进行检修或更换。

3. 校准试验

电子式互感器如果在运行中测量误差发生变化，可以通过电子调节重新校准。电子式互感器的校准采用比较法，需要标准电压、电流互感器以及数字式互感器校验仪。

4. 光电互感器报警信号及常见异常处理机制

光电互感器无报警信号，如若光电互感器单相采集器出现故障或者采集器到合并器光纤出现故障，此时合并器的接收此相采集器输出的灯会灭，然后同时保护装置会报相应的 TA/TV 异常，此时装置闭锁保护。

若互感器三相采集器同时故障或者三相采集器到合并器的光纤故障，此时合并器与之相对应的接收灯会灭，同时此合并单元相关的保护及测控装置会报 SV 采样通道异常。

根据使用场合不同、有源电子式电压互感器一般采用电容分压或电阻分压技术，利用与电子式电流互感器类似的电子模块处理信号，使用光纤传输信号。

5.7 国内电子式互感器的应用

我国自 20 世纪 90 年代以来，有多种形式的电子式互感器研制出来，目前已进入产业化生产与大规模工程应用的阶段，并取得了一定的运行经验。

5.7.1 POSS-OTA 系列电子式电流互感器应用

POSS-OTA 系列电子式电流互感器（以下简称为 OTA）是许继电力光学技术有限公司研发的采用基于法拉第磁旋光效应原理的光学装置作为电流传感器的新一代电流互感器。

OTA 作为电流信号的采集设备，其特点是：测量准确度高，可同时满足测量及保护系统的信号需求；绝缘结构非常简单；无磁饱和、频率响应范围宽，可测试暂态非周期分量及直流分量。

OTA 整体结构分为一次部分和二次部分，一次部分位于户外，二次部分位于控制室内，一次部分和二次部分通过光缆连接。

1. 应用范围

OTA 系列电子式电流互感器适用于 35kV 及以上电压等级的电流测量，以数字输出的形式通过光纤或网线供 0~650Hz 的电气测量仪器和继电保护装置使用。如果需要，也可以输出模拟电压信号供相应的二次装置使用。

2. 产品特点

OTA 系列电子式电流互感器具备以下优点。

1）基于法拉第磁旋光效应原理，为真正的光学电流互感器，能反映电力系统的包括非周期分量在内的全电流信息，有利于保护新原理的实现。

2）同时提供计量和保护信息，在 -40~60℃ 的宽温度范围内，稳态计量准确度均满足 IEC 计量准确度 0.2S 级，暂态测量准确度优于 5TPE，非周期分量测量误差不超过 ±1%。

3）通过光纤在高低压之间传输信息，绝缘结构大为简化。以绝缘脂代替绝缘油和 SF_6 的要求，使得绝缘性能更加稳定，使用更安全、更环保。

4）无油设计避免了充油互感器可能出现的燃烧爆炸等事故。高低压之间的光电隔离，没有二次开路的安全问题。

5）互感器采用智能的电子信号处理单元，使得冗余、自监测、预报和免维修成为可能。

3. 总体结构

OTA 整体结构由电流传感部分、信号传输部分和合并单元部分组成，如图 5-16 所示。其中，电流传感部分和信号传输部分位于户外，合并单元部分位于控制室内。

1）电流传感部分。电流传感部分主要包括一次导体、高压壳体和电流传感器，其中电流传感器采用基于法拉第磁旋光效应原理的传感器。应用于 330kV 及以上电压等级时，在一次导体出线端增加均压环。

2）信号传输部分。信号传输部分采用光纤复合绝缘子。光纤复合绝缘子由空心套管构成支撑件，套筒内抽真空后填充绝缘脂，以增强绝缘性能。

3）合并单元部分。合并单元部分采用标准机箱结构，主要包括二次转换器和合并器。

二次转换器主要包括光源发送模块、光接收模块和数据处理和发送模块。合并器主要包括数据接收和处理模块，同步功能模块和以太网发送模块。

二次转换器的主要功能是采集一次电流信息并按一定规约向合并器发送，主要包括 LED 光源发送模块、光接收模块及数据处理和发送模块。其电气原理如图 5-17 所示。

LED 光源发送模块：向一次电流传感器发送 LED 光源。

光接收模块：接收一次电流传感器传送的经过调制的包含电流信息的光信号，并进行光电转换和信号预处理。

数据处理和发送模块：采集信号并处理恢复一次电流值，按照与合并器约定好的协议进行数据组帧并向合并器发送数字信号。

合并器的主要功能是同步采集多路二次转换器输出的数字信息，汇总后按照标准规定的格式实时保真地传送给二次装置。合并器主要包括数据接收和处理模块、同步功能模块和以太网发送模块。其电气原理图如图 5-18 所示。

同步功能模块：用来保证与合并器相连的多路二次转换器采样数据的同步，并保证全站的合并器能够同步。

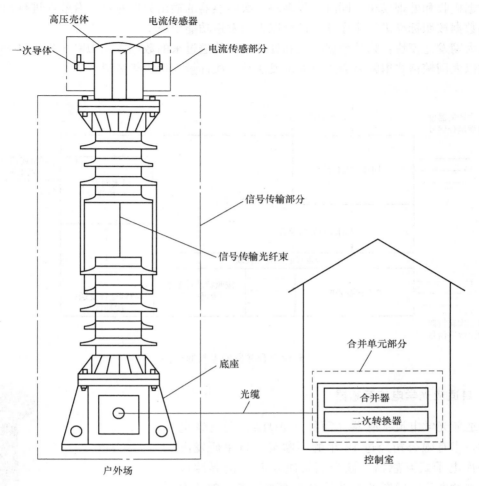

图 5-16　OTA 结构图

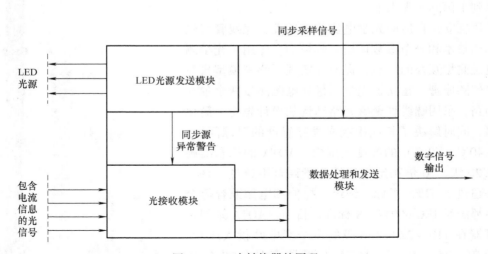

图 5-17　二次转换器的原理

数据接收和处理模块：同时接收多路二次转换器的输出数据并对其有效性进行判断，并将这些数据按照标准进行排序并输送给以太网发送功能模块。

以太网发送模块：将从数据接收和处理模块传送过来的数据按照 IEC 61850 - 9 - 1 标准规定的以太网帧格式组帧后通过以太网发送给二次计量、保护等装置。

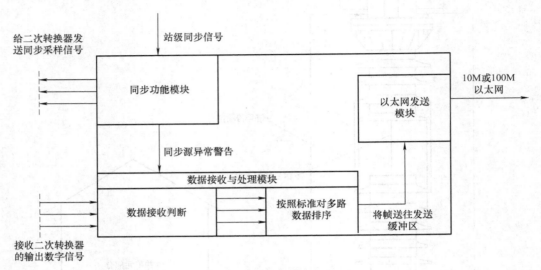

图 5-18　合并器的电气原理图

4. 自适应光学电流互感器

自适应光学电流互感器（简称为 AOTA）是许继电力光学技术有限公司经过 18 年的不懈努力自主研发出的新一代电子式互感器。该产品解决了两个世界性难题，在光学电流互感器的关键技术方面取得了突破性成果，达到了国际领先水平。

采用独立量自适应光学电流传感原理、螺线管聚磁光路结构技术和分布参数琼斯矩阵模型，应用了光学测量与电磁测量互补的思想，提出并实现了参考模型自适应光电传感原理，建立了光学测量和电磁测量两个独立测量回路，采用螺线管聚磁光路结构的设计思想，简化了光路，同时解决了长期困扰光学互感器的温漂问题。在（-40℃，60℃）的温度范围内，AOTA 的稳态准确度为 0.2S 级，20 倍额定电流的测量误差不超过 ±1%，达到并超过了 TPE5 指标。绝缘、拉伸和电磁兼容等全部指标都满足 IEC 60044 - 8 标准。目前，AOTA 系列光学互感器在 110 ~ 220kV 等级的多个变电站投入运行，效果良好。35 ~ 500kV AOTA 互感器产品如图 5-19所示。

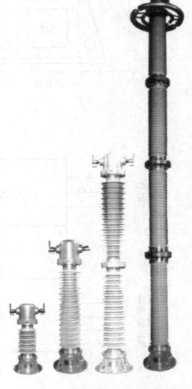

图 5-19　35 ~ 500kV AOTA 互感器产品

5.7.2 PSET6000 系列电子式互感器应用

1. 装置概述

PSET 6000 系列电子式互感器是国电南京自动化股份有限公司研发的新型互感器，可实现交直流高电压大电流的传变，并以数字信号形式通过光纤提供给保护、测量等相应装置；合并单元还具有模拟量输入接口，可以把来自其他模拟式互感器的信号量转换成数字信号，以光纤以太网或光纤串行接口输出数据，简化了保护、计量等功能装置的接线。

电子式电流电压互感器（以下简称为互感器）是利用电磁感应原理的罗氏线圈以及串级式电容分压器实现的混合式交流电流电压互感器。PSET 系列包括电流电压互感器、电流互感器、电压互感器。该互感器涵盖了传统电磁式互感器的所有应用场合，其中对交直流高压、超高压以及对准确度、暂态特性要求高的场合尤其适合。

互感器工作框图如图 5-20 所示，传感头部件包括电容分压器、罗氏线圈、采集器等。传感头部件与电力设备的高压部分等电位，传变后的电压和电流模拟量由采集器就地转换成数字信号。采集器与合并单元的数字信号传输及激光电源的能量传输全部通过光纤来进行。

互感器绝缘结构非常简单，传感头部件在使用了分流器和罗氏线圈后，互感器可应用于直流系统，传感头部件中的采集器以及互感器的其他部件不需另做设计。

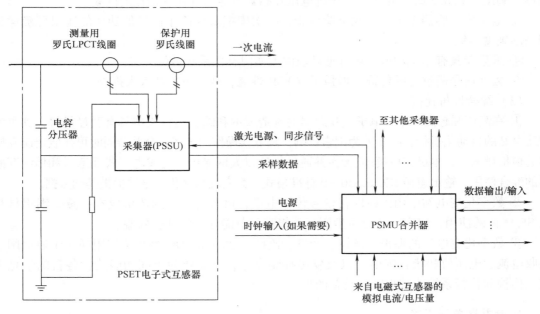

图 5-20　互感器工作框图

2. PSET 系列电子式互感器的特点

（1）安全性能高

① 互感器的高低压部分通过光纤连接，没有电气联系，绝缘距离约等于互感器整体高度，安全裕度大大提高。

② 无油设计彻底避免了充油互感器可能出现的燃烧爆炸等事故；高低压部分的光电隔离，使得电流互感器二次开路、电压互感器二次短路可能导致危及设备或人身安全等问题不复存在。

③ 电容式电压互感器无中间变压器，避免了发生铁磁谐振的危险。

④ 以固体绝缘酯替代了传统互感器的油或 SF_6，避免了传统充油互感器渗漏油现象，也避免了 SF_6 互感器的 SF_6 气体的渗漏气现象；弹性固体绝缘保证了互感器绝缘性能更加稳定，无需检压检漏，运行过程中免维护。

⑤ 高压侧采集器的工作电源同时由一次取能线圈和激光电源提供，两者动态自检，互为热备用，系统工作稳定性高。

⑥ 采集器处于和被测量电压等电位的密闭屏蔽的传感头部件中，采集器和合并单元通过光纤相连，数字信号在光缆中传输，增强了抗 EMI 性能，数据可靠性大大提高。

⑦ 采集器为双 A - D 设计，互感器自检功能完备，若出现通信故障或互感器故障，保护装置将会因错误标或收不到校验码正确的数据而可以直接判断出互感器异常从而闭锁保护。

（2）测量准确度高

① 罗氏线圈无磁饱和、频率响应范围宽、准确度高、暂态特性好，不受环境因素影响。

② 电流互感器测量准确度达 0.1 级，保护优于 5TPE。电压互感器采用了电容分压器，测量准确度达到 0.2 级，并解决了传统电压互感器可能出现铁磁谐振的问题。

③ 电子式互感器无传统二次负荷概念，一次模拟采样值小信号低功率的输出可确保达到高准确度等级。

④ 采集器具有测温功能，可根据环境温度实时补偿采集数据。

⑤ 数字信号通过光纤传输，增强了抗 EMI 性能，数据可靠性大大提高。

（3）综合性价比高

① 在高压和超高压中，电子式互感器的制造成本和综合运行成本具有明显优势，其可实现变电站的自动化运行，减少人为因素影响，降低误操作的概率。合并器同时可接收传统互感器的模拟量输入，本机完成模-数转换并通过光纤以太网输出，完成电子式互感器和传统互感器的混合使用。输出遵循 IEC 61850 - 9 标准格式，为实现数字化变电站提供基础数据。

② 数字化变电站中用光缆取代信号传输电缆，可节约 2/3 的造价成本；减少铜铝材料及 SF_6 气体的使用，使用天然可再生资源，提高了节能环保的社会效益。

③ 数字化变电站的保护、测控、计量、监控、远动和 VQC 等系统均用同一个通信网络接收电流、电压值和状态等信息以及发出控制命令，不需要为不同功能建设各自的信息采集、传输和执行系统，减少冗余设备的投入。

3. 合并器单元概述

合并单元主要用与接收采集器的数字信号以及来自电磁式互感器的模拟信号，对这些信号合并、处理后以光信号方式对外提供数据。

合并器单元主要提供以下功能。

① 接收并处理多达 12 路采集器传来的数据。合并单元的 A - D 采样部分，可以采样交流变换模件输出的最多 6 路的模拟信号。

② 接收站端同步各路 A – D 采样。

③ 接收其他合并单元输出的 FT3 报文。

④ 接收隔离采集器的电源状态，根据需要调节激光电源的输出。

⑤ 合并处理所采集的数据后，以 3 路符合 IEEE – 802.3 规定的 100BASE – FX 或 10BASE – FL 方式对外提供数据采集信号，还可以用 FT3 格式传送 IEC – 60044 – 8 规定格式的报文。

4. 工程应用

基于现代电子技术、计算机技术、光纤通信技术和新材料科学的进步发展，目前已成功研发出新型的 PSET 系列电子式电流互感器、电子式电压互感器、电子式电流电压互感器。已有 100 多个站，最长运行了 7 年，产品电压等级覆盖 10 ~ 500kV，应用范围包括独立支柱 AIS 型、GIS 型、PASS 型、变压器套管型和开关型等，已和西开、泰开、ABB、Siemens 等厂家成功合作。

PSET6220CVSF 电子式电流电压互感器已在江苏淮安新御和朱坝两个 220kV 变电站投入试运行，现场分别如图 5-21 和图 5-22 所示。

图 5-21　江苏淮安新御 220kV 变电站

图 5-22　江苏淮安朱坝 220kV 变电站

5.7.3 LOPO® 系列低功率电流电压互感器的应用

传奇中国上海 MWB 互感器有限公司（以下简称传奇公司）在低功率互感器的发展上已具有了国际领先水平。同时，随着这些保护、测量和计算用的低功率电流、电压互感器的应用，中高压开关系统的结构将会有一个巨大的飞跃。

传奇公司开发的 LOPO® 技术是一系列结合了数字科技的低功率电流和电压互感器技术，全面符合 IEC 60044-7 和 IEC 60044-8 标准。

LOPO® 技术相对于传统的互感器而言，其设计的负载非常低，能选择性地符合数字技术的各种条件，应用前景相当广阔。

一台低功率互感器在一个相当大的一次测量范围内，既能用于保护，又能用于测量。因此，一台使用 LOPO® 技术的设备能起到数个传统型互感器的功能。这些低功率的互感器不仅面向了未来的开关设计，而且还能适用于现有的设备。

1. 传奇公司的低功率互感器的主要应用范围

1）传奇公司的低功率互感器的主要应用范围为中压或高压开关、SF$_6$ 气体绝缘开关（GIS）、空气绝缘开关（AIS）或露天变电站。使用传奇公司的低功率系列互感器来取代传统的互感器不仅具有技术上的优势，同时还能为用户带来显著的经济效益。

2）一台低功率电流或电压互感器的输出信号既能用于保护还能用于工频和谐波分量的测量。

3）传奇公司的低功率互感器与不同厂商生产的继电器或测量仪器的多种组合已成功地通过了测试并已挂网运行。

4）由于 LOPO® 技术的发展，为开关的设计和调整提供了全新的机会，可以进一步降低产品的成本。如今，经济效益不仅取决于二次设备的成本，同时还取决于一次设备成本及其额外的运行优势。

2. 传奇公司的低功率互感器的特点

（1）LOPO 低功率电流互感器的特点

LOPO 低功率电流互感器是一个无源设备，基本结构是一个带有环形铁心的互感器和一个高稳定性的转换电路，如图 5-23 和图 5-24 所示。

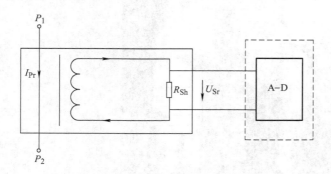
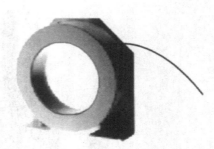

图 5-23　LOPO 低功率电流互感器基本结构　　　图 5-24　LOPO 低功率电流互感器

LOPO 低功率电流互感器的特点如下所述。

① 仅需要一个绕组就可以满足测量和保护的所有要求，量程范围大，测量 50～5000A，保护至 63kA。

② 在系统短路电流范围内铁心均不会饱和。

③ 二次输出为与一次电流呈线性比例关系的低功率模拟电压信号。

④ 无二次回路问题，二次可以开路。

⑤ 电磁兼容，抗干扰能力强。

⑥ 重量轻，体积小。

（2）LOPO 低功率电压互感器的特点

LOPO 低功率电压互感器是一个无源设备，基本结构是一个补偿式的电阻型分压，如图 5-25 和图 5-26 所示。

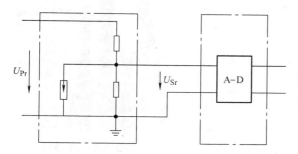

图 5-25　LOPO 低功率电压互感器基本结构

图 5-26　LOPO 低功率电压互感器

LOPO 低功率电压互感器特点如下所述。

① 重量轻，体积小。

② 其额定二次输出仅为几伏，而非传统互感器的输出为上百伏。

③ 无二次回路问题，二次可以短路。

④ 有效频率响应范围广，因为不使用铁心，不存在铁磁谐振问题。

⑤ 二次输出低功率模拟电压信号，通过双屏蔽双绞线传输。

⑥ 只需一个分压器就能实现所有测量和保护功能，一个二次输出信号可同时提供多个继电器、计量表使用。

⑦ 可以在线进行电缆或开关耐压试验，无需从回路中切除。

（3）RCTV 阻容式电压互感器特点

阻容式电压互感器（简称为 RCTV，见图 5-27 和图 5-28）在提供电压互感器测量、保护功能之余，以其特殊性还能提供以下的功能：

① RCTV - G145D1 采用三相全密封设计，用一个阻容分压器，满足所有的测量和保护要求。

② 遵循二次设备的数字化技术要求。

③ 重量更轻，占地更小。

④ 体积小，应用到 GIS 中具有显著的优势，有助于实现小型化的开关设计。

⑤ 准确度覆盖范围从直流一直到 10kHz。

⑥ 卓越的暂态特性。

⑦ 可承受在线的 GIS 开关试验。

⑧ 由于阻容式电压互感器不存在铁心，所以不存在铁磁谐振问题。

⑨ 不存在二次回路问题，二次即可开路也可短路。

⑩ 阻容式电压互感器能够耐受在线的电缆和开关的耐压试验，而无需在试验时将其从回路中断开。

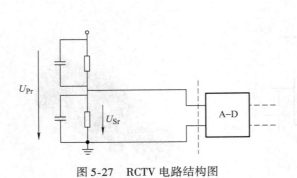

图 5-27 RCTV 电路结构图   图 5-28 阻容式电压互感器

⑪ 二次电压是根据 IEC 60044 - 2 或 GB 1207 - 2006（100/$\sqrt{3}$ V）或 IEC60044 - 7 或 GB 20840.7（3.25/$\sqrt{3}$ V）定义的。

5.7.4 NAE - GL 全光纤电流互感器的应用

2009 年 12 月 25 日，上海电力公司建设的 110kV 蒙自变电站正式投运。这标志着上海建成首座智能变电站服务世博会、上海电网 7 项世博电力核心工程的基建任务圆满完成。全站采用可靠、低碳、环保的智能设备，全部实现国产化，并应用了南瑞航天（北京）电气控制技术有限公司研发生产的全光纤电流互感器产品。

全光纤电流互感器产品是智能电网建设中的核心设备，它具有传统式互感器无法比拟的优势，真实再现电网的实时电流，绿色、环保，无爆炸等安全隐患。

作为全新一代的电子式互感器，它的出现为特高压输电及电力自动化奠定了坚实的基础，积极推动了电力网的稳定实时控制技术的发展，继而引发电力继保行业革命性的变化。此外，作为拥有自主知识产权的 NAE - GL 全光纤电子式电流互感器通过了江苏省信息产业厅组织的成果鉴定，此项技术填补了国内空白，达到了国际先进水平，在电网数字化领域具有良好的应用前景。

1. NAE - GL 全光纤电流互感器的工作原理

NAE - GL 系列全光纤电子式电流互感器利用的是磁光法拉第（Faraday）效应，其基本的工作原理如图 5-29 所示。光源发出的光被分成两束物理性能不同光，并沿光缆向上传播；

在汇流排处，两光波经反射镜的反射并发生交换，最终回到光电探测器处并发生相干叠加；当通电导体中无电流时，两光波的相对传播速度保持不变，即物理学上所说的没有出现相位差，如图5-30a所示；而通上电流后，在通电导体周围的磁场作用下，两束光波的传播速度发生相对变化，即出现了相位差，如图5-30b所示，最终表现的是探测器处叠加的光强发生了变化；通过测量光强的大小，即可测出对应的电流大小。

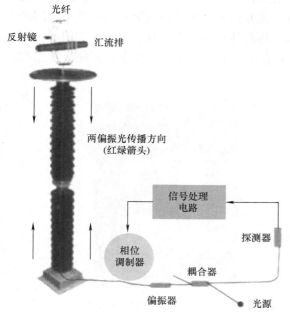

图 5-29　NAE－GL 系列全光纤电子式
电流互感器工作原理

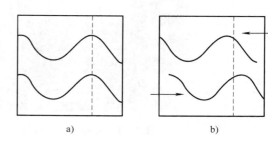

图 5-30　两偏振光相干叠加示意图
a）没有出现相位差　b）出现了相位差

2. NAE－GL 全光纤电流互感器的特点

NAE－GL 系列全光纤电流互感器中敏感元件和传输元件均为光纤，可以熔融连接，不受外界环境温度的影响，真正做到了敏感元件的长期稳定性和免维护，提高了系统的可靠性。NAE－GL 系列全光纤互感器具有以下突出的优点。

① 低碳环保，占地面积少，全寿命周期成本低。

② 一次侧无源，与二次侧的信号传递依靠光纤，绝缘易于实现，且在电压等级越高的应用场合优势也越明显。

③ 光纤敏感环尺寸及安装方式灵活，可集成安装在 GIS、断路器及变压器等一次设备上。

④ 抗环境电磁干扰能力强，母线的偏心、外部磁场等均不影响准确度，一次侧任何电磁干扰也不会串入二次侧。

⑤ 精确测量直流与高次谐波，能够完整传变一次电流。

⑥ 在 1%～150% 额定电流范围内满足计量准确度；在 150kA 范围内满足保护精度要求。

⑦ 频带超过 10kHz，全面满足暂态电流测量、电能质量分析、故障录波等要求。

3. NAE‑GL 型全光纤电流互感器在上海 110kV 蒙自变电站的应用情况

上海 110kV 蒙自智能变电站（见图 5-31 和图 5-32）项目共采用 3 个主变间隔和 6 个进线间隔（共 27 相）南瑞航天的 NAE‑GL 型全光纤电子式电流互感器。

蒙自智能变电站全光纤电子式电流互感器为 GIS 应用方式。全光纤电流互感器产品结构简单安装方便。常规电流互感器的铁心需要安装在 GIS 的气室内，使得 GIS 为此加大尺寸，无法满足现在越来越小型化 GIS 的要求。全光纤电流互感器的敏感头安装在 GIS 气室之间的法兰内，不须改变 GIS 气室的大小。全光纤电流互感器体积小、重量轻，安装非常简单，互感器与二次设备之间的连线只有两根光缆和 110V 直流供电，安装、布线十分方便。在二次侧也无开路危险，且有较高的安全性。

 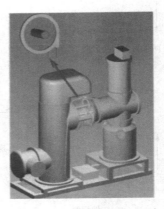

图 5-31　蒙自变电站现场　　　　图 5-32　蒙自变电站应用示意

5.8　习题

1. 什么是电子式互感器？
2. 有源电子式互感器利用的原理是什么？
3. 无源电子式互感器利用的原理是什么？
4 影响电子式互感器准确度的主要因素有哪些？
5. 简述罗氏线圈电流互感器的原理。
6. 低功率电流互感器的原理是什么？
7. 无源电子式互感器利用的原理是什么？
8. 合并单元的功能有哪些？
9. 简述电子式互感器巡视项目。
10. 简述光电互感器报警信号及常见异常处理机制。

第6章 智能化高压设备

《高压设备智能化技术导则》中定义智能设备（Intelligent Equipment）是一次设备和智能组件的有机结合体，具有测量数字化、控制网络化、状态可视化、功能一体化和信息互动化特征的高压设备，是高压设备智能化的简称。

目前将变压器、电抗器、断路器、GIS、电力电缆和高压套管等高压设备进行智能化。这些设备，或故障率相对较高，或故障影响较大，具有自检测的需求。这些设备的自检测技术已有一定的研究基础和应用经验，具备进行智能化应用的基本条件。此外，变压器、断路器、GIS等设备自身有大量测量和控制信息，这些信息的数字化和网络化也是智能化需求的一部分。

智能设备最为核心的特征是建立在数字化和网络化之上的智能技术。智能技术包括基于传感器的自我状态感知技术和基于自检测信息的智能控制与保护技术。智能技术是高压设备智能化的核心特征。智能设备的另一个重要特征是信息互动功能。设备自我状态感知信息必须提交给智能电网的相关系统才能实现其价值。智能调度系统、设备运行管理系统都与高压设备状态息息相关，智能设备与这些系统的信息互动是提升整个电网智能化水平的重要基础。

智能高压设备由高压设备和智能组件组成。高压设备与智能组件之间通过状态感知元件（传感器或其一部分）和指令执行元件（控制单元或其一部分）组成一个有机整体。高压设备本体、智能组件、状态感知和指令执行元件三者合为一体就是智能设备，或称高压设备智能化。智能设备是智能电网的基本元件。根据高压设备的类别和现场需求，控制单元和智能组件的部分功能可以相互转移，或将控制单元的功能全部集中到智能组件中。对于无控制需求的高压设备，没有控制单元。状态感知元件根据需要，或植入高压设备内部，或安置于高压设备外部的专门位置，状态感知单元与智能组件之间通常由模拟信号电缆连接。根据需要，智能组件可以集成控制、保护和测量等更多功能。

6.1 智能组件

6.1.1 智能组件的定义与属性

智能化高压设备是由传统高压设备和智能组件组成，传感器和执行器为两者间的纽带，智能组件承担宿主设备的数值化测量、智能化控制和状态监测的基本功能，也可集成相关计量、保护等扩展功能。

1. 智能组件的定义

智能电子装置（Intelligent Electronic Device，IED）是一种带有处理器，具有采集或处理数据、接收或发送数据、接收或发送控制指令、执行控制指令等部分功能的一种电子装置。

智能组件（Intelligent Component）是由若干智能电子装置集合组成，承担宿主设备的测量、控制和检测等基本功能。在满足相关标准要求时，智能组件还可承担相关计量、保护等功能，可包括测量、控制、状态监测、计量和保护等全部或部分装置。

《智能变电站技术导则》中规定，智能组件是可灵活配置的智能电子装置，测量数字化、控制网络化和状态可视化为其基本功能。根据实际需要，在满足相关标准要求的前提下，智能组件可集成计量、保护等功能；智能组件宜就地安置在宿主设备旁；智能组件采用双电源供电；智能组件内各 IED 凡需要与站控层设备交互的，接入站控层网络；根据实际情况，可以由一个以上智能电子装置实现智能组件的功能。应适应现场电磁、温度、湿度、沙尘、降雨（雪）和振动等恶劣运行环境；相关 IED 应具备异常时钟信息的识别防误功能，同时具备一定的守时功能；应具备就地综合评估、实时状态预报的功能，满足设备状态可视化要求；宜有标准化的物理接口及结构，具备即插即用功能；应优化网络配置方案，确保实时性、可靠性要求高的 IED 的功能及性能要求；应支持顺序控制；应支持在线调试功能。

智能组件是服务于一次设备的测量、控制、状态监测、计量和保护等各种附属装置的集合，包括各种一次设备控制器（如变压器冷却系统汇控柜、有载调压开关控制器、断路器控制箱等）及就地布置的测控、状态监测、计量和保护装置等。

组成智能组件的各种装置，从物理形态上可以是独立分散的，在满足相关标准要求时，也可以是部分功能集成的。用于设备状态监测的传感器可以外置，也可以内嵌。但是智能组件的发展趋势是功能集成、结构一体化。

智能控制和状态可观测是高压智能化的基本要求，其中运行状态的测量和健康状态的检测是基础。因此，测量、控制和监测是智能组件的基本功能。

当主设备集成了计量互感器时，相关的合并单元甚至计量功能也可以就近集成到智能组件中，在满足继电保护标准要求的前提下，也可以将相关保护功能集成到智能组件中，即实现测量、控制、计量、监测和保护等的一体化设计。

2. 智能组件的属性

智能组件具有以下 3 个属性。
1）是一个物理设备。
2）是宿主高压设备的一部分。
3）由一个以上智能电子装置组成。

根据工程实际，可以由多个独立的智能电子装置实现智能组件的功能，他们的集合可以称为逻辑智能组件或分散式智能组件，但不能把各独立智能电子装置称为智能组件。

智能电子装置（以下简称为 IED）是 DL/T 860 中泛指具有处理器的各种装置，这些装置都是物理上独立的设备。多个智能电子装置可以集合成一个新的物理装置，即智能组件。

多数情况下，一台设备的状态监测通常是由多个监测 IED 实现的。为了便于信息交互，优化网络通信，当有一个以上 IED 用于监测时，宜设监测功能组。监测功能组设一个主 IED，承担全部检测结果的综合分析，并与相关系统进行信息互动。

6.1.2 智能组件的组成

1. 传感器

传感器是高压设备的状态感知元件，通常安置在高压设备内部或外部，可视为高压设备本体的一部分，其信息流向是从传感器（高压设备）到智能组件，用于将高压设备的某一状态参量转变为可采集的信号。如 SF_6 压力传感器、变压器油中溶解气体传感器等。传感器不包括集成于高压设备的各类型互感器等原属一次设备的功能元件。

1）外置传感器。置于高压设备或其部件外部（含外表面）的传感器，包括传感器用测量引线和接口。如贴附于变压器主油箱外壁、用于变压器振动波谱监测的振动传感器。

2）内置传感器。置于高压设备或其部件内部的传感器，如内置于变压器主油箱、用于局部放电监测的特高频传感器。传感器内置时对其可靠性和安全性的额外要求较高。

3）传感器植入或接入技术要求。

传感器植入或接入应符合以下技术要求。

一般性要求：涉及高压设备本体可内置也可外置的传感器，推荐外置；内置传感器尽量采用无源型，如果可能，仅内置无源部分；内置传感器宜由高压设备制造商在制造时植入，已投运设备内置传感器时，须咨询高压设备制造商的意见。

对内置传感器的要求：宜采用无源型，或将有源部分外置（如果可能）；高压设备的所有出厂试验应在安装内置传感器之后进行；内置传感器与外部自检测单元的联络通道应符合高压设备的密封要求；内置传感器的使用寿命应不小于 15 年。

对外置传感器的要求：新设备应设计有外置传感器的安装位置，要求外观整洁、易维护、不降低高压设备外绝缘水平；一般安装在低电位处，除非必须，不推荐安装于高压部位；与高压设备内部绝缘介质相通的外置传感器，其密封性能、机械杂质含量控制等应符合或高于高压设备的相应要求；有良好的电磁屏蔽措施。

4）传感器与接地引线。不论何种检测目的，不应影响高压设备的安全运行。所以高压设备的接地线上不应串接任何取样阻抗，确需从高压设备接地线取样时，推荐采用穿心式的线圈耦合方式，使接地线保持连续、一致的通流能力。原则上，高压设备的接地线不宜延长，确需延长时，延长量不宜超过 3m，或满足接地线的设计要求即可。

2. 执行器

执行器是高压设备状态调整的执行元件，也称为执行机构，通常视为高压设备的一部分，其信息流向是从智能组件到执行器（高压设备），如开关设备的操动机构等。传感器和执行器是高压设备与智能组件之间的纽带和桥梁。

3. 控制器

控制器是一种向执行器发布控制信息、采集受控对象状态信号的智能电子装置。控制器的控制信息可以是控制器根据采集信息自主生成的，如变压器冷却系统控制器的控制信息；也可以是来自其他装置的控制信息，如开关设备控制器接收继电保护装置的控制信息等。

6.1.3 智能组件的组成架构

智能组件的基本功能是测量、控制和监测。通常情况下，高压设备应由一个智能组件实现前述基本功能，特别是新造设备。对于已运行设备的智能化改造，则可根据实际情况，基于经济、有效、可靠的原则，灵活布置。

根据实际需要，智能组件的功能可以扩展，如集成同一间隔电子式互感器的合并单元、甚至集成相关计量、保护功能等。扩展功能的集成应符合相关标准要求。

由于在制定 DL/T 860 时，还没有智能组件这种装置，因此智能组件在"三层二网"的分类时显得有些不清晰。表面上，由于智能组件直接关联于高压设备，属过程层设备，但实际上，在智能组件内既有过程层设备也有站控层设备，智能组件是一个跨层的设备。图 6-1 所示为完全型数字化变电站的结构。从图中可以看出"三层二网"的界定。

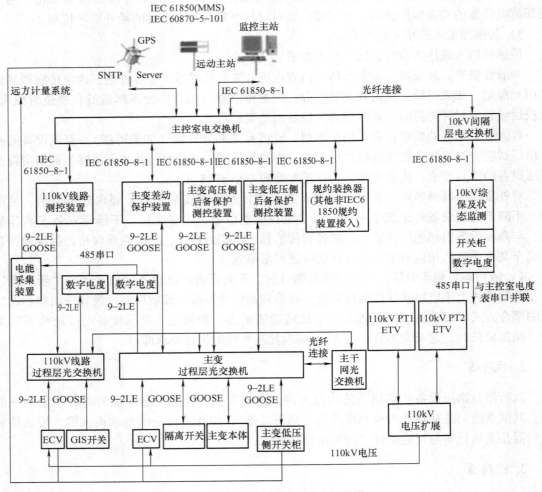

图 6-1 完全型数字化变电站的结构

6.2 智能变压器

电力变压器是变电站的核心部分，完成电能变换和输送等功能，其自身可靠性是电网安全稳定运行的直接保证。随着电力系统对智能化和运行可靠性要求的提高，以及传感、检测和通信等技术的飞速发展，智能变电站对电力变压器的测量、控制、计量、监测和保护等部分提出了新的要求。变压器的智能化可以提供电力变压器的状态信息、优化运行方案、降低运行和维护费用、提高设备利用率。

6.2.1　智能变压器的组成

智能变压器由变压器本体和智能组件组成，包括内置或外置于本体的传感器、测量、控制、计量、监测以及各类 IED 等。通过在变压器本体、有载调压开关、套管上安装各种传感器和执行器，并将运行信息通过互联网通信技术传输至相应的 IED，并采用 IEC 61850 协议经光纤上传至信息一体化平台（或监测主机），实现变压器的智能化，智能变压器结构示意图如图 6-2 所示。目前，对于大多数改造的智能变电站，保护一般置于继电室，在线监测就地化布置；对于新建智能变电站，变压器本体保护装置和各种在线监测单元就地布置，配置变压器智能汇控柜。

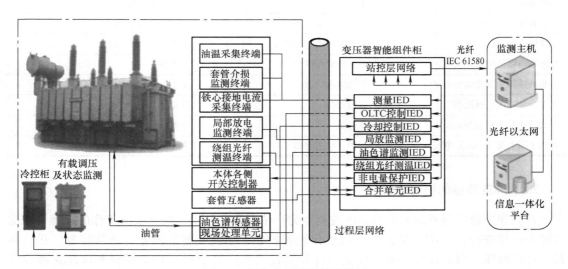

图 6-2　智能变压器结构示意图

6.2.2　智能变压器的功能

智能变压器除具有转换电压、传输电能、稳定电压的基本功能外，还可通过集中或者分布式微处理器系统和数据采集单元实现资源共享、智能管理，具有测量、控制、计量、保护、监测、报警、通信及信息交互等高级功能。

1. 智能变压器的测量功能

智能变压器应具备参量获取和处理的数字化功能，包括电力系统运行和控制中需获取的各种电参量和反映电气设备自身状态的电、光、放电和振动等物理量，具备数据采集和处理单元，各种参量以数字形式提供，信息的后续传播、处理与存储也是以数字化形式进行。具体运行数据包含电流、电压、有功功率、无功功率、功率因数、温度、油位以及其位他必要的统计数据。

变压器测量主要包括以下方面：测量各侧负荷电流及中性点电流，进行保护和状态感知；测量变压器顶层和底层油温，判断变压器是否过热、冷却装置运行是否异常；测量有载分接开关切换次数来分析机械寿命；测量有载分接开关当前分接位置，判断当前工作状态；采集气体继电器节点信息和压力释放阀状态信号，检测是否由于内部故障产生严重放电或短路；测量主油箱油位和分接开关油箱油位，提前做好相应准备工作；测量风扇电机电流和电压，判断风扇及其电动机的工作状态；根据油流继电器提供的信号，分析油泵是否异常等。

变压器常规测量项目及技术要求见表 6-1，其常规测量项目采用数字化测量。

表 6-1　变压器常规测量项目及技术要求

测 量 参 量	应 用	技 术 要 求
主油箱油面温度	过热、冷却装置异常	1℃（不确定度）
气体继电器触点信息	内部严重放电、短路	0 差错
压力释放器状态信号	内部严重放电、短路	0 差错
主油箱油位	上限、下限	1cm（不确定度）
分接开关油箱油位	上限、下限	1cm（不确定度）
风扇电机电流、电压	风扇及风扇电机状态	1.5%（不确定度）
油流继电器信号（如有）	油泵异常指示	0 差错
有载分接开关驱动电源电压	操动电源状态	1.5%（不确定度）
有载分接开关切换次数	机械寿命	0 差错
有载分接开关当前分接位置	状态量	0 差错
各侧负荷电流及中性点电流	保护、状态感知	符合设计要求

2. 智能变压器的控制功能

智能变压器应具备强大的自适应控制能力。依靠数字技术，根据实际工作的环境和工况对操作过程进行自适应调节，实现最优化过程控制。如进行智能温控、负荷控制、运行控制、有载调压、自动补偿功能、优化运行和实现系统经济运行（如按照负荷情况选择变压器运行方式，按照最优经济运行曲线运行实现损耗最低）。

智能变压器控制单元的配置基于变压器本体测控参量，通过约定的通信协议将本体控制箱与智能汇控柜中的控制单元 IED 进行连接。智能变压器控制单元 IED 的主要功能是接收来自间隔层或站控层的命令，向间隔层或站控层发送数据和进行有效的数据存储。变压器冷却系统与有载分接开关控制的相关参量及要求分别见表 6-2 和表 6-3。

表 6-2　变压器冷却系统控制的相关参量及要求

测 量 参 量	功 能 简 述	技 术 要 求
主油箱油面温度	过热、冷却装置异常	1℃（不确定度）
主油箱底部油温（如有）	过热、冷却装置异常	1℃（不确定度）
绕组光纤测温（如有）	过热、冷却装置异常	2℃（不确定度）
冷却装置开启组数	冷却装置运行状态	0 差错
铁心接地电流	是否存在多点接地	2.5%（不确定度）
变压器各侧电流	发热原因判断、温度预测	1.5%（不确定度）
变压器各侧电压	是否过励磁	1.5%（不确定度）
环境温度	发热原因判断、温度预测	1℃（不确定度）

表 6-3　有载分接开关控制的相关参量及要求

控 制 参 量	功 能 简 述	技 术 要 求
分接位置	控制参考量	0 差错
变压器各侧电压	控制参考量	1.5%（不确定度）
变压器各侧电流	控制参考量	1.5%（不确定度）
变压器状态	智能控制	85% 专家一致性

3. 智能变压器的计量功能

智能变压器的计量主要采用电子式互感器。ECT 正常运行时可以测量几十安至几千安的电流，故障条件下可反映几万安甚至几十万安的电流，输出的数字接口实现了变电站运行实时信息数字化和电网动态观测，在提高继电保护可靠性等方面具有重要作用。准确的电流、电压动态测量为提高电力系统运行控制的整体水平奠定了计量基础。如果主设备集成了计量互感器，可以将计量功能集成到智能组件中，实现一体化设计。

4. 智能变压器的在线监测功能

智能变压器在线监测包括本体监测和辅助设备监测两部分，监测单元具有自我监测和诊断能力。其本体监测项目主要有温度及负荷监测、油中溶解气体及微水监测、铁心接地电流监测、局部放电监测和套管绝缘监测；辅助设备监测有冷却器监测、有载分接开关监测和保护功能器件监测。目前，国家电网公司各试点站的变压器状态监测参量基本实现了对油色谱、局部放电、油温和铁心接地电流等参量的监测，能实时监测变压器运行参数（局放、油绝缘等），掌握变压器的运行状态和故障部位以及故障发生原因，从而减少人力维修成本，提高设备运行的可靠性。

5. 智能变压器的保护、报警功能

智能变压器应具有保护和报警功能。对于过压、过流及内部器件损坏引起的故障应有完善的保护，智能保护单元与系统的微机保护装置进行接口通信，实现保护智能化；在变压器供电区域内发生故障时，能够发送故障数据，并在上级管理系统中显示故障点、故障类型、故障数据等，帮助检修人员快速定位故障和安排检修计划。

220kV 及以上变压器电量保护按双重化配置，每套保护包含完整的主、后备保护功能；110kV 变压器电量保护建议按双重化配置，采用主、后备保护一体化；变压器电量保护直接采样，直接跳各侧断路器。变压器非电量保护主要采集瓦斯信号、油温信号、绕组温度信号、压力释放阀信号及冷却设备全停信号等，非电量保护采用就地直接电缆跳闸方式。

6. 智能变压器的通信和信息交互功能

除以上功能外，智能变压器还应具备通信和信息交互功能。通信方式采用 RS485/RS-232 或者光纤、GPRS 等，通信协议应符合相应标准，并满足与主控室及信息一体化平台交换数据的实时性和可靠性要求。智能变压器通过网络连接进行信息传播，记录设备运行参数，综合计算变压器使用寿命，为状态检修和设备管理提供信息。

6.3　智能化开关设备

6.3.1　智能断路器

断路器是电力系统中广泛应用的开关电器设备之一，它在变电站中起着控制和保护的双重作用。断路器的保护和控制功能是通过控制器（断路器的核心单元）对其进行合/分闸操作来实现的。相对于传统变电站，智能变电站对断路器的测量、控制、计量、监测和保护等部分提出了新的要求。断路器的智能化，可提供精确的状态信息、实现远程控制、延长运行周期、降低运行和维护费用，大大提高设备利用率和供电安全性。

1. 智能断路器的组成

智能断路器包括断路器本体和智能组件，本体上装有开关控制器（执行器）和传感器，智能组件可包括过程层设备和间隔层设备，通过传感器和执行器与高压设备形成有机整体，由若干 IED 实现与宿主设备相关的测量、控制、计量、监测和保护等全部或部分功能。断路器智能化主要体现在断路器状态参量的在线监测，状态监测量主要包括分/合闸线圈电流、动触头行程、储能电机电流、SF_6 气体的压力和密度等。通过内置或外置于断路器本体上的传感器，经相应的 IED，采用 IEC 61850 协议经光纤上传至信息一体化平台，即通过各种 IED 实现断路器的智能化。智能断路器各装置布置如图 6-3 所示。

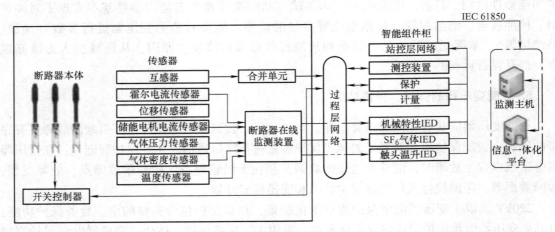

图 6-3　智能断路器各装置布置

2. 智能断路器的功能

兼有微处理器系统和新型传感装置的智能化断路器，可进行分/合闸电流、气体密度等的监测。通过霍尔电流传感器实现分/合闸线圈电流的监测，判断断路器操作过程中的运行状态；通过气体密度传感器实现连续的状态监测，确定气体密度趋势及极限值，并能在此基础上实现常规的 SF_6 气体的锁定和报警功能；通过行程传感器，能够实现操动机构的状态监测。这些传感器的信号同时用于常规的位置指示和电动机控制功能。

1）智能断路器测量功能。智能断路器应具备参量获取和处理的数字化功能，包括电力系统运行和控制中需要获取的各种电参量和反映电气设备自身状态的各种状态量，如分/合闸位置信号、分/合闸报警信号、储能电机超时过流信号、SF$_6$气压信号、交直流失电信号以及其他必要的统计数据。具备强大的数据采集和处理单元，各种参量以数字形式传输，并实时发送运行数据和故障报警信息。

断路器测量主要包括以下方面：测量分/合闸位置信号可以实现断路器位置指示；测量断路器操作次数，可以判断断路器触头的机械寿命；测量断路器分/合闸控制回路断线信号，可以实现断路器控制回路断线信号指示；测量储能电机超时、过流信号，可以实现电机过流超时报警；测量 SF$_6$ 气压信号，可以判断 SF$_6$ 气室的各种异常情况；测量交直流失电信号，可以判断电源是否正常工作。智能断路器测量项目及技术要求见表6-4。

表6-4　智能断路器测量项目及技术要求

测 量 参 量	应 用	技 术 要 求
就地、远方操作指示信号	就地/远方操作指示	0 差错
就地、远方操作位置信号	位置指示	
分/合闸位置信号	位置指示	
操作次数	机械寿命	
分/合控制回路断线信号	控制回路断线故障指示	
未储能报警信号	未储能报警	符合设计要求
电机过电流超时报警	电机过电流超时报警	
三相不同期分闸双重化报警信号	相不同期分闸报警	
SF$_6$低气压报警信号	SF$_6$气室低气压报警	
交、直流电源失电报警信号	交、直流失电报警	

注：不同的操作结构测量参数有所不同。

2）智能断路器控制功能。断路器智能控制主要体现在分/合闸操作控制和合闸选相控制。智能控制单元是断路器智能化控制的核心，当继电保护装置向断路器发出系统故障的操作命令后，控制单元根据一定的算法，得出与断路器工作状态对应的操动机构预定的最佳状态，自动确定与之相对应的操动机构的调整量并进行自我调整，从而实现最优操作。

分/合闸操作控制是指智能组件应支持所属断路器间隔各开关设备的网络化控制，控制应满足所属开关设备的逻辑闭锁和保护闭锁要求。如果有就地控制器，可以通过网络连接至智能组件的开关设备控制器，接收开关设备控制器的分/合指令并向开关设备控制器发送相关测量和监测信息；如果仅有执行器，则由智能组件中的开关设备控制器直接控制分/合操作，相关测量、监测信息以模拟信号方式传送至开关设备控制器。此外，智能组件还应支持宿主断路器间隔各开关设备的顺序控制，即接收一个完整操作的一系列指令，智能组件自动按照规定的时序和逻辑闭锁要求逐一完成各指令所规定的操作。合闸选相控制是指断路器智能选择合适的相位进行合闸操作，在需要减少合闸暂态电压和涌流等场合，宜选择合闸选相控制器。

3）智能断路器的计量功能。智能断路器的计量装置主要采用电子式电流互感器和数字式电能表，采用了数字输入输出接口，实现了变电站运行实时信息数字化。通过 IEC 61850

协议传输数字化电压、电流瞬时值，减少了传统二次回路的各种损耗，抗干扰能力强。计量系统的误差由电子式电流互感器和电压互感器决定，较之传统的互感器测量误差大大减小，提高了测量精度。电子式电流互感器在电网动态观测、提高继电保护可靠性等方面具有重要作用。如果主设备集成了计量互感器，可将部分计量功能集成到智能组件中，实现一体化设计。

4）智能断路器的监测功能。断路器绝大多数事故发生在操动机构和控制回路中。智能断路器的状态监测参量主要包括：分/合线圈电流波形、行程、储能电机电流、SF_6气体密度和压力。对各种监测信息的综合判断，可实现对分/合闸速度、弹簧机构弹簧压缩状态、传动机构、电动机操动机构储能完成状况等的监测，并可实现越限报警。智能断路器在线监测与状态评估如图6-4所示。

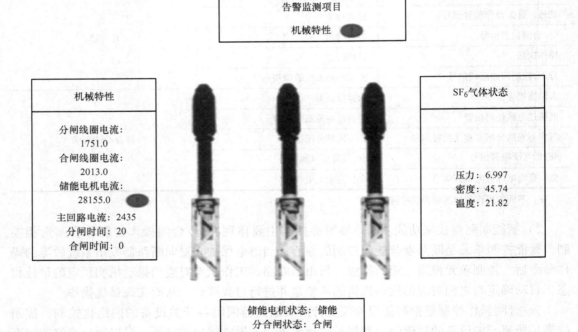

图 6-4　智能断路器在线监测与状态评估

5）智能断路器保护功能。220kV及以上电压等级智能断路器的保护按双重化配置，主、后备保护按一体化设计，每套保护包含失灵保护及重合闸等功能。出线有隔离开关时边断路器宜包含短引线保护功能，短引线保护可独立设置，也可包含在边断路器保护内。断路器保护装置接收来自合并单元的采样值信息，实现保护功能，并通过IEC 61850协议与站控层网络进行信息交互。断路器保护方案如图6-5所示，当失灵或者重合闸需要线路电压时，边断路器保护需要接入线路EVT的合并单元（MU）中开关断路器保护任选一侧EVT的MU；当重合闸需要检同期功能时，边断路器保护电压引入方式采用母线电压MU接入相应间隔电压MU。断路器保护装置与合并单元之间采用点对点采样值传输方式，断路器保护的失灵动作跳相邻断路器，远跳信号经 GOOSE 网络传输，使相邻断路器的智能终端、母差保护（边断路器失灵）及主变压器保护跳关联的断路器，通过线路保护启动远跳。

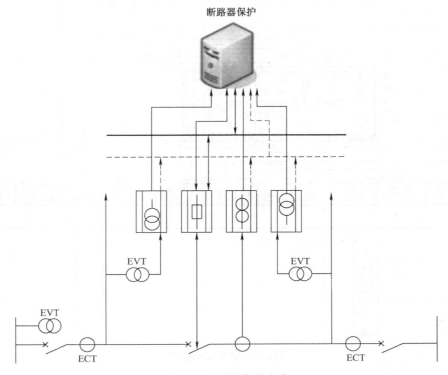

图 6-5　断路器保护方案

6）智能断路器的通信和信息交互功能。除以上功能外，智能断路器还应具备通信和信息交互功能。通信方式采用 RS‒485、CAN 或光纤、GPRS 等，通信规约应符合相应标准，满足与主控室及信息一体化平台系统交换数据的实时性和可靠性要求。智能断路器通过网络连接进行信息传播，记录设备运行参数，进行断路器使用寿命综合计算，为检修和设备管理提供数据。

6.3.2　智能 GIS

1. 智能 GIS 的组成

GIS 将套管、断路器、隔离开关、接地开关和电流/电压互感器等主要电气元件封闭组合置于接地的金属外壳中。GIS 的全封闭金属外壳使得运行维护较为困难，为了及时发现并消除故障隐患，避免重大事故，GIS 的智能化显得尤为重要。智能 GIS 是将微电子技术、计算机技术、传感技术以及数字处理技术同电气控制技术结合在一起，应用于 GIS 的一次和二次部分，并将测量、监测、保护、控制、通信和录波等功能集成一体。电子式互感器替代传统电流电压互感器，智能电子操动机构代替继电器，实时监测 GIS 的运行状态，并将状态信息传送到具有控制、保护、计量功能的控制单元，实现 GIS 的智能化，大大提高其运行可靠性。智能 GIS 结构如图 6-6 所示。

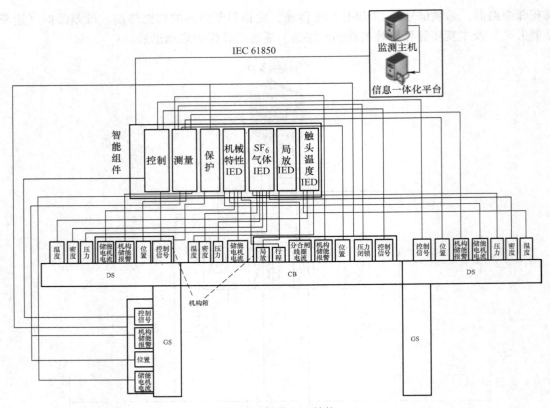

图 6-6　智能 GIS 结构

2. 智能 GIS 的功能

智能 GIS 的状态监测主要包括 SF_6 气体密度和压力、局部放电、触头温度、分/合闸线圈电流、触头行程和储能电机电流等，在 GIS 本体安装各种传感器和就地数字化装置，相应 IED 完成数据接收和分析功能，采用 IEC 61850 协议传输给信息一体化平台。智能 GIS 可以根据电网运行状态进行智能控制和保护，能及时发现故障的前兆，具备预警功能，真正做到设备自诊断。智能 GIS 的控制、保护、测量功能和智能断路器类似。

6.3.3　智能高压开关柜

高压开关柜是输变电系统中的重要设备，承担着开断和关合电力线路、线路保护、监测运行电量数据等重要作用，在电力系统中获得了日益广泛的运用。智能高压开关柜将传统高压开关柜和智能单元有机结合，使其不仅具有传统高压开关柜的功能，而且具有自我监测、自我诊断和自我动作等功能，实现了高压开关柜的智能化。智能高压开关柜如图 6-7 所示。

1. 智能高压开关柜的组成

智能高压开关柜由智能监测单元、智能控制单元、智能识别单元和智能开关柜 IED 4 个单元组成，智能高压开关柜结构示意图如图 6-8 所示。其中，智能监测单元包含电量监测子单元、局部放电检测子单元、母线/触头温度监测子单元、操动机构故障检测子单元等；智

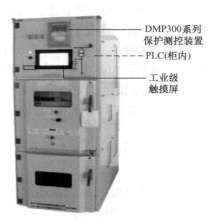

图 6-7 智能高压开关柜

能控制单元包含柜体智能操控子单元、新"五防"闭锁控制子单元等；智能识别单元主要包括嵌入各种设备（如接地开关、断路器、隔离开关、柜体）信息的电子标签；智能开关柜 IED 通过 CAN/485、ZigBee/485 等传输方式与其他单元相连，获取各单元信息，并做相应的处理和算法的实现；智能开关柜 IED 采用 IEC 61850 协议与信息一体化平台互联。

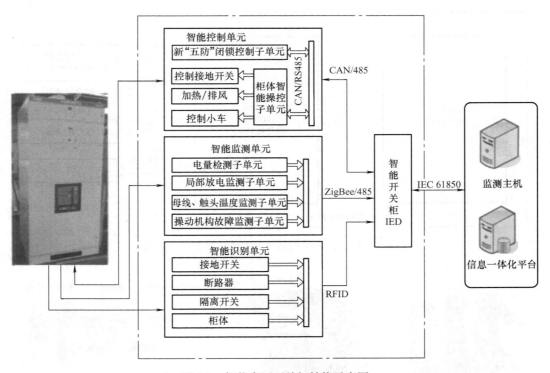

图 6-8 智能高压开关柜结构示意图

2. 智能高压开关柜的功能

智能高压开关柜一方面具有传统开关柜的功能，另一方面具有自我检测、自我诊断和自我动作等功能，不但可以就地处理和分析开关柜的状态，完成相应的操作，而且能够基于IEC 61850协议实现智能开关柜 IED 与信息一体化平台的互联。下面分别介绍智能高压开关柜智能监测、智能识别、智能控制和智能开关柜 IED 4 个单元的功能。

1）智能监测单元功能。智能监测单元包括电量监测子单元、柜内局部放电监测子单元、操动机构故障监测子单元、母线/触头温度监测子单元 4 个子单元。

① 电量监测子单元主要通过传感器实现对母线的电压、电流、有功功率、无功功率、电网频率、功率因数和电能的实时监测。

② 柜内局部放电监测子单元主要是对柜内高压开关设备、电容器及母线等局部放电的监测。

③ 操动机构故障监测子单元能够通过监测弹簧蓄能时间，与正常值进行对比，判断操作弹簧的蓄能情况；通过监测脱扣线圈的电流，辨别脱扣线圈的工作情况，特别是监测脱扣线圈的断线，防止拒动等重大事故的发生；监测开关机械性能，主要是监测分/合闸速度。

④ 母线/触头温度监测子单元安装在母线、触头臂上，主要监测母线/触头的温度，通过 ZigBee 无线通信方式将监测数据传送至开关柜 IED，基于 ZigBee 网络的温度传感器节点示意图如图 6-9 所示，无线温度传感器的安装示意图如图 6-10 所示。

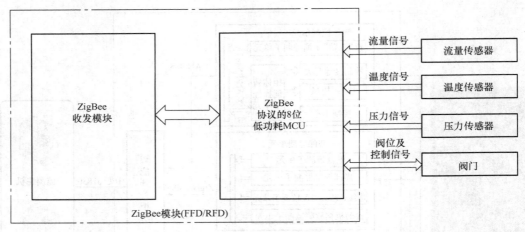

图 6-9　基于 ZigBee 网络的温度传感器节点示意图

图 6-10　无线温度传感器的安装示意图

2）智能控制单元功能。智能控制单元主要包括以下 3 个部分。

① 完成柜内的开关量的监测，如断路器手车位置指示、断路器的分合指示、隔离开关的分合、接地开关的分合、储能状态和高压带电等。

② 实现开关柜电动操作控制，通过控制手车和接地开关电动执行机构完成手车电动进出和接地开关电动分合操作。

③ 监测开关柜内温湿度信号、开关柜前的人体感应信号、有害气体浓度信号、开关柜的加热器断线信号。智能开关柜内的加热和排风设备如图 6-11 所示。

图 6-11　智能开关柜内的加热和排风设备

3）智能开关柜 IED 单元功能。高压开关柜内各种不同监测单元，一种新型的开关柜 IED 把智能开关柜用到的多种通信方式整合到一起，采用有线传输和无线传输的方式实现各个监测单元与 IED 之间的数据通信和控制，克服了开关柜内高电压、大电流的强电场、强电磁辐射、高频噪声和谐波的干扰问题。IED 采用双 CPU 的结构，具有保护、测量、控制和通信等功能，功能集成度高，满足智能开关柜通信实时性和高速性的需求，保证了数据传输的稳定性、可靠性和实时性，实现了智能开关柜的智能化、信息化、高可靠性和低成本。符合 IEC 61850 协议和智能开关柜的要求，便于信息一体化平台远程处理数据，因此有利于实现开关柜自动化的安全监控。

4）智能识别单元功能。智能识别单元采用无线射频识别技术（RFID）识别断路器、柜体等设备的信息。断路器、隔离开关、接地开关、母线、TV、TA 和柜体等设备的本体信息以电子标签的形式预埋在设备中，通过 RFID 直接将设备信息传递给智能开关柜 IED，并遵照 IEC 61850 协议由光纤上传到信息一体化平台。对设备进行准确定位、跟踪，了解设备动态信息。智能识别单元如图 6-12 所示。

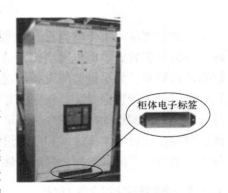

柜体电子标签

图 6-12　智能识别单元

6.4　智能容性设备

电容型高压电气设备是电力系统中重要的变电设备，主要包括高压套管（BUSH）、电容型电流互感器（TA）、电压互感器（CVT）和耦合电容器（OY）等，数量约占变电站设备总数的40%～50%，其绝缘状况是否良好直接关系到整个变电站的安全运行。智能容性设备是传统容性设备集成智能组件，具有电压、电流保护和介损监测等基本功能。

6.4.1　智能容性设备组成

智能容性设备主要包括容性设备本体及容性设备智能组件，智能容性设备结构如图6-13所示。容性设备本体及其操动机构和常规容性设备功能作用相同，加装在容性设备上的传感器（如套管泄露电流传感器等）能采集反应容性设备运行状态和特征的信息。智能组件除满足介质损耗、等值电容等相关参量监测外，还可以承担计量、保护等功能，并能够与站控层设备或其他智能设备进行网络通信。

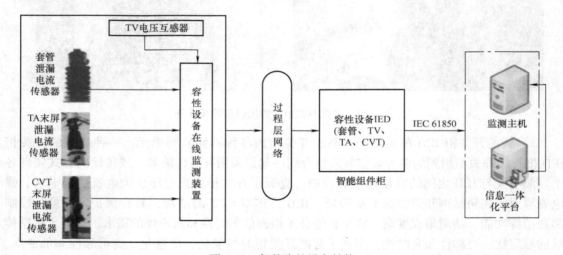

图6-13　智能容性设备结构

智能监测单元由传感器和就地数字化装置组成，主要完成容性设备特征量的采集和处理，并将处理后的数据传送给容性设备 IED。容性设备 IED 对监测参数进行数据分析，判断数据是否异常，如果被监测设备出现故障，将缩短采集周期，跟踪故障点。IED 对监测数据和故障信息进行数据封装，依据 IEC 61850 协议上传至信息一体化平台，并实时接收来自信息一体化平台发送的控制指令，验证相关指令合法后立即响应控制，包括数据采集、周期控制、前端连接设备工作方式和前端设备启停控制等。信息一体化平台通过对数据的全面对比分析，结合出厂标准数据，判断容性设备运行状态的变化以及发展趋势。

6.4.2　智能容性设备功能

智能容性设备将监测、控制及通信等功能融于一体，具有高效快速的处理能力和强大的实时监控功能，能很好地满足电容型设备在线监测的要求，使监测系统模块化、系统化成为可能。智能设备的控制信号依据 IEC 61850 通信协议，采用 IRIG－B 码对时提供精确统一的时间基准，保证数据传输的可靠性和实时性。智能容性设备主要功能如下所述。

1. 智能容性设备的监测功能

容性设备的监测主要包括末屏泄漏电流监测、介质损耗因数 tanδ 监测和电容量监测等。智能容性设备具备对各参量信息的获取和数字化处理功能，包括容性设备运行和控制中需要获取的各种电气参量和能够反映设备自身运行状态的物理量。容性设备常规测量项目及技术要求。

2. 智能容性设备的报警、保护功能

智能容性设备具有智能的保护和报警功能。当智能设备监测到运行参数信息（如内部器件绝缘损坏）超标时，及时向监测主机或信息一体化平台发送故障数据，并在一体化平台中显示故障点、故障类型和故障数据等，帮助检修人员快速定位故障和安排检修计划，具有完善的报警功能。智能容性设备的在线监测与微机保护装置进行接口通信，实现保护智能化。

3. 智能容性设备的通信和信息交互功能

除以上功能外，智能容性设备还应具备通信和信息交互功能。通信方式采用 RS－485、CAN、光纤和 GPRS 等，通信规约应符合 IEC 61850 协议，满足与监测主机及信息一体化平台交换数据的实时性和可靠性要求。智能容性设备通过网络连接进行信息传播，可获取其他设备监测到的设备运行参数和环境信息，对于需要测量的物理量直接应用，避免了对同一监测参量的多次测量，并提高了数据计算上的精确度。

6.5 智能 MOA

6.5.1 智能 MOA 组成

智能 MOA 的主要功能是实时监测 MOA 的绝缘状态，并将该状态以及反映该状态的数据发送至监测主机或信息一体化平台，供数据中心以及调度中心调用和分析，以对 MOA 的运行状态有更直观地了解，保证电力系统安全运行。

智能 MOA 过程层包括采集信号的电流传感器（包括泄漏电流传感器和雷击计数传感器）和电压传感器、MOA 在线监测装置以及被监测本体。MOA 在线监测装置将采集信号经过程层网络发送至间隔层的 MOA IED，在该 IED 中计算相应的阻性电流和雷击次数并做出初步的诊断，当接收到发送数据指令后将计算和诊断结果由 MOA IED 发送至信息一体化平台。由于 MOA 本身不需要控制，只需要监测它的状态参数来反映它的实时绝缘状态和雷击次数，所以数据传输是单向的。MOA IED 与测控、计量和保护装置共同组成了智能变电站的间隔层的部分智能设备。监控主机和信息一体化平台构成了智能变电站的站控层。信息一体化平台完成数据转发、保护信息、管理系统数据接口以及其他通用功能服务等。

6.5.2　智能 MOA 功能

1）泄漏电流监测。虽然阻性泄漏电流对氧化锌避雷器绝缘状态反映最为灵敏，但并不能直接测得，必须将其从总泄漏电流中分离出来，所以采集终端需要对 MOA 本体泄漏电流以及 TV 二次侧电压进行采集，以实现对阻性电流的计算。采集过程中，目前采用较多的是 IRIG－B 码进行对时，实现精确同步采样，保证测量精度。对于 MOA 而言，统计正常运行时某一区域发生的雷击次数是制定防雷击计划的重要依据，因此有必要对雷击次数进行准确统计。该信号由电流传感器进行采集，采集完毕后经过相应的限幅、整流和滤波后驱动电磁计数器记录雷击次数，并保存在采集终端的存储芯片中，待采集终端按照一定的采样时间间隔进行采样后，将该雷击次数与 MOA 本体泄漏电流和 TV 二次侧电压数据共同发送至 MOA IED。

2）阻性电流计算。MOA IED 对接收到的数据进行阻性电流计算并对 MOA 的雷击次数做出统计，然后使用相应的诊断策略对绝缘状态以及遭受雷击情况做出初步分析，待接收到发送数据指令后将这些数据发送至信息一体化平台。

3）信息一体化平台。智能 MOA 应具备通信和信息交互功能。通信方式采用 RS－485、CAN、光纤和 GPRS 等，通信规约应符合相应标准，满足与主控室及信息一体化平台系统交换数据的实时性和可靠性要求。信息一体化平台主要完成数据的分析与处理，以及采集指令的发送，完成数据转发、信息保护、管理系统数据接口以及其他通用功能服务等。

6.6　习题

1. 什么是智能设备？智能高压设备由什么组成？
2. 什么是智能组件？说出智能组件具有的 3 个属性。
3. 简述智能组件的组成和智能组件的基本功能。
4. 简述智能变压器测量参量。
5. 智能变压器的在线监测功能有哪些？
6. 断路器智能化主要体现在的方面。
7. 简述智能断路器包含的功能。
8. 简述 GIS 的智能化的含义。
9. 简述智能高压开关柜的组成。
10. 智能高压开关柜的智能监测单元包括哪几个子单元。

第 7 章　智能变电站的运行操作与维护

7.1　智能变电站的"五防"

"五防"是指防止误入带电间隔、防止误拉（合）断路器、防止带负荷拉（合）隔离开关、防止带电合接地开关（挂接地线）和防止带接地开关（接地线）送电。

在常规变电站中，"五防"逻辑的实现由间隔层及站控层两层实现，在间隔层"五防"中，任一电气设备的电气联锁是将需要对该设备操作进行闭锁的所有相关设备的辅助接点（硬接点）串联在该设备操作控制回路中来实现的。站控层由独立的"五防"主机完成，"五防"主机一般是单向采集设备位置数据，并不具备顺序控制等高级功能。

传统的间隔"五防"由于主设备操作回路中串联了太多的辅助接点，造成设备操作回路二次接线复杂、可靠性差，无论是辅助接点切换异常还是二次接线接触不良，都会造成主设备操作回路断线而操作失败。

相比于传统"五防"，智能变电站的"五防"系统由站控层"五防"、间隔层"五防"和过程层"五防"组成。这里的间隔层"五防"，指的是测控装置"五防"，过程层"五防"是由机械"五防"锁具组成。

7.1.1　智能变电站的"五防"系统的组成

1. 站控层"五防"

站控层"五防"能够校验远方控制命令行为逻辑，判断一次设备操作顺序的正确性，控制遥控命令的发送，与"五防"机械锁具配合实现现场一次设备及操作机构箱门的闭锁。站控层"五防"还可以配合实现顺序控制，计算机自动执行准确的一系列操作指令。这里主要讨论下间隔层"五防"。

2. 间隔层"五防"

间隔层"五防"的逻辑存储在测控装置中，间隔层"五防"逻辑如图 7-1 所示。从图中可以看出，测控装置通过过程层网络获得一次设备的位置状态信息（智能终端上传的 GOOSE 信号），并做出逻辑判断，得到每个操作回路的分合结果，并将闭锁逻辑的判断结果传送给智能终端和监控微机（分别经过过程层交换机和站控层交换机），不仅能控制监控微机遥控命令的发送，实现设备远方操作闭锁，而且能够开合操作设备的电气控制回路，实现就地闭锁，并且只需要一个接点，便能实现复杂的逻辑。

如此一来，只需要用一对接点，便可实现一次设备操作回路的闭锁，极大地简化了设备操作回路的二次接线。跨间隔的"五防"逻辑实现，只需测控装置在间隔层中采集其他相关间隔数据即可，无需将过多的辅助节点引入防误主设备的控制回路。

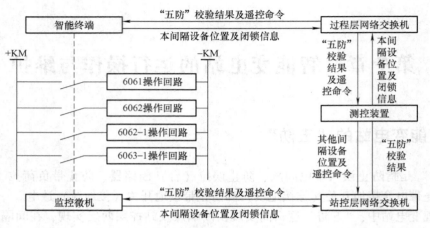

图 7-1　间隔层"五防"逻辑

3. 过程层"五防"

过程层"五防"，主要是指开关柜、地桩和网口等设备上的机械锁或电气编码锁，用来防止操作人员误操作、误入间隔。另外随着智能终端的普及，一方面可采集并上传隔离开关位置、开关状态等遥信量，另一方面可接收来自测控装置的指令，并通过其在断路器、隔离开关、可遥控电源空气开关等电气一次设备的控制回路中串入的闭锁节点实现过程层的防误；为防止智能终端与上层通信中断，在智能终端上设置万能钥匙，实现强制解锁，允许运行人员进行紧急就地操作。

7.1.2　"五防"逻辑的分析

智能变电站的间隔测控"五防"逻辑回路与传统硬接点回路不同，没有动断、动合接点概念，但是为了方便，这里还是按照传统的逻辑回路讲，只是实现方式不同而已。动合触点就是：在常态（不通电）的情况下处于断开状态的触点。这样的触点一通电就会闭合。动断触点就是：在常态（不通电、无电流流过）的情况下处于闭合状态的触点。这样的触点一通电就会断开。

下面以几个典型间隔为例，分析间隔测控装置中"五防"逻辑的设置。

1. 220kV 线路间隔

先以 220kV Ⅰ线 606 间隔为例，分析某 220kV 变电站的电气联锁逻辑。606 间隔一次接线图如图 7-2 所示。220kV Ⅰ线 6061 隔离开关电气联锁逻辑如图 7-3 所示，先看最上面一条回路。6061 隔离开关分合开关回路串联了这几个接点。

1）606 间隔开关的动断接点。也就是说，开关在合位的时候，6061 隔离开关不能分合闸，以防止带负荷分合隔离开关。

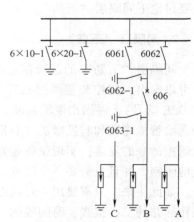

图 7-2　606 间隔一次接线图

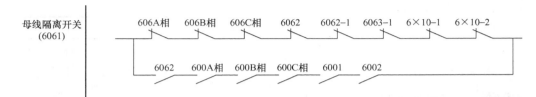

图 7-3 220kV Ⅰ线 6061 隔离开关电气联锁逻辑

2）接地刀开关 6062 - 1 和 6063 - 1 的动断触点。也就是说，6062 - 1 或 6063 - 1 接地刀开关在合位的时候，6061 隔离开关不能合闸，以保证不会有电从其他间隔经母线到本间隔构成回路接地。串 6063 - 1 的原因是因为开关的触点不是很可靠，可能会误动，这样一来，如果 6061 隔离开关和 6063 - 1 都合上就导通了，这也是一个电气连接部分。

3）一母两副隔离开关 6×10 - 1、6×10 - 2 的动断触点。也就是说，6×10 - 1 或 6×10 - 2 接地刀开关在合位时，6061 隔离开关不能合闸，以保证不会有电从本间隔经母线到母线接地刀开关构成回路接地。

但是有个问题需要考虑，即假设 6061 隔离开关串入 606 开关的动断触点，那么 606 在合位，线路切换母线的时候，6061 无法分闸、6062 无法合闸，即无法完成所谓的"热倒"。

常规变电站对此的处理是在 6063 隔离开关回路中串入 606 动断触点，而在 6061 隔离开关与 6062 隔离开关回路中不串入 606 触点，因为线路停电的操作必须满足先拉负荷侧隔离开关，再拉母线侧隔离开关，因此在负荷侧隔离开关回路串入 606 合位可以实现这一闭锁，同时又不影响母线倒闸的实现。

但问题是为了节约用地，变电站省去了出线侧 6063 隔离开关，为此，通过间隔"五防"，在母线侧隔离开关 6061 分合闸回路中并入了一条有 600 母联开关动合触点以及 6001、6002、6062 的动合触点回路，即如果在互联状态，且 6062 隔离开关在合位，6061 隔离开关即可分闸，无需考虑 606 开关在合位。

母线侧隔离开关的接地刀开关 6062 - 1 逻辑回路如图 7-4 所示，只需串入 6061 和 6062 隔离开关的动断触点即可，不需要串入 606 开关触点，以防止开关合位的时候分合 6062 - 1 接地刀开关，因为正常运行情况下，不存在断路器在合位的时候，两副母线隔离开关在分位的情形，所以串入两副母线隔离开关的动断触点即可。

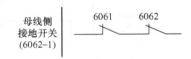

图 7-4 母线侧隔离开关的接地刀
开关 6062 - 1 逻辑回路

其他线路间隔的情形与此相同。这里再次强调的是，上述的动合动断触点实际在测控间隔"五防"中是不存在的，间隔"五防"的逻辑是以报文形式存在测控装置中进行运算判断的，这里的触点相当于是虚触点。

2. 主变压器间隔

主变压器间隔的接地开关逻辑回路有所不同，如图 7-5 所示。主变压器间隔一次接线图如图 7-6 所示。

可见，主变压器间隔接地刀开关回路串入了 520 开关和 420 开关，即中压侧和低压侧开关，其目的是为了防止高压侧断路器接地刀开关分合开关时，中压侧或低压侧线路反送电，导致带电分合开关。

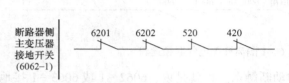

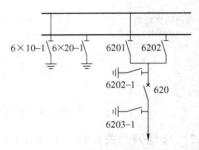

图 7-5　主变压器间隔的接地开关逻辑　　　　　图 7-6　主变压器间隔一次接线图

3. TV 间隔

TV 间隔电气联锁逻辑如图 7-7 所示。与其他间隔不同的是，TV 间隔没有开关，因此只要串入母线接地刀开关 6×10－1、6×10－2 动断触点以及本身的接地刀开关 6×14－1 即可。

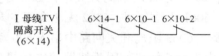

图 7-7　TV 间隔电气联锁逻辑

4. 母线接地刀开关

如图 7-8 所示，Ⅰ母线接地刀开关分合开关逻辑回路串入了所有间隔的Ⅰ母线侧刀开关，以防止带电分合隔离开关。

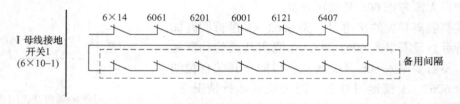

图 7-8　母线接地刀开关电气联锁逻辑

5. 110kV 线路间隔

110kV 线路间隔电气联锁逻辑如图 7-9 所示。110kV 线路一次接线图如图 7-10 所示。这里要说明的是：为节约用地，Ⅰ母线 TV 间隔和 506 线路间隔共用一个间隔。

由于 110kV 是单母线分段接线，不存在倒母线的情况，因此 5061 母线侧隔离开关无需判断母联，只需串入 506 开关动断触点，以及 506 间隔所有接地刀开关动断触点，包括接地刀开关 5×10－1 动断触点。

该 220kV 变电站本期只有一台 2 号主变压器，带两段 110kV 母线互联运行，因此 5061 应该判母联隔离开关的合位，以防止带负荷拉 5061 隔离开关，但这里是通过判线路无电流直接实现闭锁的，这和 220kV 出线的母线侧隔离开关逻辑联锁回路是不同的。

164

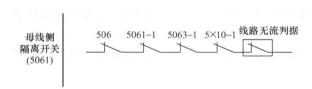

图 7-9　110kV 线路间隔电气联锁逻辑

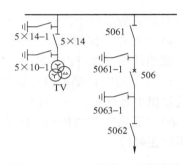

图 7-10　110kV 线路一次接线图

7.1.3　智能变电站"五防"系统的验收

1. 智能变电站"五防"系统验收主要内容

（1）间隔层（测控装置）"五防"的验收

间隔层（测控装置）"五防"闭锁逻辑验收：间隔"五防"闭锁逻辑应正确，能满足各种运行方式及设备运行状态下的安全要求。

间隔层（测控装置）"五防"功能验收：间隔层"五防"应能够可靠闭锁/开放设备的远方遥控操作和就地操作，当违反操作逻辑时，除了能闭锁遥控操作和就地操作外还应发出明确的告警信息，并且在测控装置、测控装置检修压板投入或与智能终端的通信中断时不能失去闭锁功能；另外间隔层"五防"应具备可控的退出手段。

（2）站控层"五防"的验收

站控层"五防"逻辑验收：站控层"五防"闭锁逻辑应正确，能满足各种运行方式及设备运行状态下的安全要求。

站控层"五防"功能验收：站控层"五防"应能够可靠闭锁/开放设备的远方遥控，当违反操作逻辑时，除了能闭锁遥控操作外还应发出相应的明确的告警信息，应具备在主接线图上进行模拟操作生成操作票，以及从模板票、典型票或者历史票导入生成操作票等多种操作票生成方式；站控层"五防"系统应具备向计算机钥匙传送操作票、操作预演"五防"校验、操作票打印、操作票作废、站控层"五防"退出等功能，应允许存在多组没有逻辑关系的合闸操作任务。

（3）计算机钥匙及"五防"锁具验收

"五防"锁具应安装合理、方便操作，具有防锈死能力。计算机钥匙应能正确无误地接收"五防"主机下装的操作票，能够记忆存储当前执行的操作票，具有口令设置、试听、调节液晶对比度、背光、电池电量显示、锁编码检查、中止当前的操作票、跳步等功能，一把计算机钥匙在同一时间段内只能接受一个操作任务。

2. 验收"五防"系统时的注意

1）间隔层"五防"及站控层"五防"投退措施的设置应符合相关运行管理规定。

2）间隔层和站控层"五防"应相互独立，逻辑一致，验收传动应分别进行。

3）"五防"传动验收时，应保证站控层"五防"和间隔层（测控装置）"五防"中只有一套"五防"处于工作（投入）状态。

4）"五防"传动验收时不仅应传动符合"五防"要求的情况，而且还应对不符合"五防"逻辑的情况进行传动试验，保证"五防"闭锁功能确实存在。

5）"五防"传动验收时应对每一个闭锁条件逐一进行试验，即在传动试验时保证所试验的逻辑中有且只有一个闭锁条件存在。

6）"五防"验收传动时除采用远方"五防"逻辑外，还应就地操作检验各个"五防"逻辑的正确性。

7.2　智能变电站运行维护特点

智能变电站中智能电子设备（IED 包括电子式互感器、合并单元、智能终端、在线监测等）的应用给变电站引入了许多新设备；GOOSE、SV 等网络通信规约的应用，实现了过程层设备信息的网络传输，使变电站的层次结构较综合自动化变电站更加明晰；采用光纤和网络交换机代替电缆，使得光纤链路成为了二次回路的一部分，同时交换机也成为变电站二次系统的关键设备。因此，运行维护应重点关注以下几个方面。

1. 告警信息的分级分层与统一描述

智能变电站保护、测控装置直接通过 MMS 网络上送各类告警、日志及自诊断信息，如某断路器断开，由于不同的装置均反映该信息，一条线路跳闸重合不成功将产生上百条信息，海量的告警信息对监控后台正常监视产生很大的干扰。因此，智能变电站应实现告警信号的分层分级、告警窗口的人工自定义、历史信息的模糊查询等功能。同时，对同类信号进行归并，仅上送总信号，如保护动作、装置故障和装置告警等，并实现对信息的统一描述，实现保护装置、后台告警和光字信号三者告警信息描述统一。

2. GOOSE 网络状态的监视

智能变电站间隔层设备之间、间隔层与过程层设备之间通信均依赖于 GOOSE 报文。GOOSE 链路通信状态的正常与否直接反映了变电站二次系统的安全运行情况。设备之间的 GOOSE 链路中断有可能造成跳闸命令不能传输、设备状态信息不能上传等严重后果。现场运维人员应能具备发现和判断该类故障的技能。

GOOSE 链路通信状态监视二维表通过发送装置与接收装置的纵横设置，清晰地反映了 IED 的 GOOSE 通信状态。

3. MMS 网络状态的监视

MMS 网络负责站控层与间隔层设备的通信，是变电站自动化、远动及其他辅助系统监控站内一、二次设备运行状况的主要途径，因此对该网络通信状态的监控也同样重要。通过绘制变电站 MMS 网络图，可以全面展示各 IED 与 MMS 交换机的通信状态。

4. IED 的异常处理

根据微机装置运行经验，运行中大量的异常情况可以通过重启以恢复运行。因此，IED

在征得相应调度同意后，允许先行重启一次。重启过程中为防止保护装置误动，建议重启前取下保护装置 GOOSE 出口压板，如对侧有接收压板，也可取下接收压板。对于网络交换机，由于其只实现数据交换，不具备误发跳闸命令的可能，因此重启无需退出相关保护。

1）继电保护装置。退出 GOOSE 出口软压板，放上检修状态硬压板后重启装置。若装置恢复正常则恢复压板原始状态；若不能恢复正常则向调度汇报。当 GOOSE 压板不能操作时，可仅放上检修状态压板重启。

2）智能终端（或智能组件）：取下分合开关出口硬压板，放上检修状态硬压板后重启装置。若装置恢复正常则恢复压板原始状态；若不能恢复正常则向调度汇报。

3）测控装置：放上检修状态压板后重启装置。

4）合并单元：合并单元重启将造成相关保护电流、电压短时失去，如重启将造成保护误动，则重启前应汇报调度先退出相关保护出口压板，放上检修状态压板重启，以防止保护误动。

5）GOOSE 交换机：经调度许可后可直接重启一次，重启正常则继续运行，重启不正常则申请停用相关保护（相关保护功能已失去）。

6）MMS 交换机：经调度许可后可直接重启一次，重启正常则继续运行，重启不正常则汇报调度立即通知检修人员处理。

5. 智能化保护状态的调整

智能化保护由于网络结构的原因，配置具有特殊性，运行中应充分考虑其特殊性要求。如重合闸及失灵保护功能均按照双重化独立配置，智能终端也采用双重化布置。由于双重化配置的两套重合开关同时投入运行，正常运行时应保持两套重合开关状态一致。而双重化配置的断路器失灵保护，由于采用两套独立的装置，考虑到装置故障的可能性，每套断路器失灵可以单独投停。同时，断路器只有一个合开关线圈并接于第一套智能终端，当第一套智能终端故障时，应停用相应断路器重合开关功能。

另外，智能变电站采用双重化 GOOSE 网络时，两套保护及其配套的智能终端、合并单元及网络都是完全物理隔离的。因此要注意当其中的一套智能终端停用时，不允许同时停用另一套智能终端对应的保护装置，以避免双重化配置的保护同时失去功能。这是智能变电站特有的运行方式，运维过程中应重点加以注意，并将不能同时停用的装置写入现场运维规程。

6. 智能变电站的网络化防误

智能变电站防误闭锁功能所需的设备状态信息一般通过 GOOSE 网络实现。在特殊情况下，如在 500kV 变电站，500kV 和 220kV 的 GOOSE 网络不互联时，涉及主变压器高低压侧相互闭锁的功能将通过电缆连接实现，其 35kV 本间隔部分一般也采用电缆连接，而处于同一 GOOSE 网络的跨间隔部分互联闭锁信息采用 GOOSE 网络传输。当某间隔智能终端故障或 GOOSE 断链时，其他间隔相关设备因不能采集故障间隔设备状态，不能开放闭锁操作，例如当母线智能终端 GOOSE 断链时，所有 220kV 间隔母线隔离开关操作将被闭锁，此时只能在间隔层测控装置进行解锁操作。

多数电气闭锁回路（隔离开关、接地开关控制回路）设计增加了微机防误返校，以保证闭锁逻辑完整性。智能站由于采用网络传输，其控制出口均经过智能终端，因此微机防误返校功能一般设于智能终端。

7. 智能变电站典型安全措施的布置

智能变电站装置异常消缺的安全措施主要涉及装置 GOOSE 的输入输出软压板、检修装置压板以及插拔光纤 3 类，一般应遵循以下原则。

1）退出保护 GOOSE 输入、输出软压板：由运维人员根据调度命令实施。

2）放上检修状态硬压板：许可工作票前，由运维人员根据工作需要实施。

3）拔出装置 GOOSE 或 MMS 光纤：工作票许可后，由检修人员根据工作需要实施。

当接收端 IED 设有接收压板时，考虑到检修过程中可能改变停用设备状态造成保护误发 GOOSE 报文，可在接收端设置安全措施，取下相应装置接收端装置的接收压板，以确保工作安全性。

8. 智能化装置软压板的命名

智能化保护软压板应用，不仅实现了压板远方遥控操作，也为一、二次联合顺控提供了条件。软压板一般分为功能软压板、GOOSE 出口软压板、GOOSE 接收软压板、SV 接收软压板。由于不像硬压板那样在图样上对压板序号进行编排，为传承常规变电站并反映 GOOSE、SV 特征，可将功能软压板编为 LP1 - X、GOOSE 出口软压板编为 GT1 - X、GOOSE 接收软压板编为 GR1 - X、SV 接收软压板编为 SR1 - X。

另外，保护装置常设且不能遥控操作的软压板有 3 块，分别为远方修改定值、远方切换定值区、允许远方控制软压板。投入时分别允许后台修改定置、切换定值区以及投退软压板。有些变电站为了满足无人值班对调控中心紧急投退保护功能的需要，还设置有总投入压板，与 GOOSE 输出压板串联，该压板正常时应放上，仅供调控人员在紧急状态下遥控操作。

智能变电站应用大量光纤，各状态量、模拟量信号的输入由原来的电缆传输变为网络传输，传统端子排被取消，取而代之的是虚端子的概念。但虚端子概念比较抽象，不是一个电缆连接的节点，且软压板应用后，受装置内部命名字符串受限影响，现场装置软压板命名不能修改为完整的调度名称，往往是简要名称。因此，制作一份 GOOSE 输入输出及软压板对应表是十分必要而实用的，有利于现场运维、检修人员工作与操作。

同样，MMS 网络、GOOSE 网络交换机成为智能化变电站二次信息传输的枢纽，其运行状态的监视与端口的分配在日常运维中尤为重要，为了方便运维检修人员巡视、消缺以及扩建时的接口，特绘制交换机端口对应表。

7.3 智能变电站巡视与运行

7.3.1 智能变电站巡视

变电站应根据智能变电站性质制定相应的巡视周期。设备巡视分为正常巡视、全面巡视、熄灯巡视、特殊巡视和远程巡视。变电站应根据实际情况，在《变电站现场专用运行规程》中补充完善远程巡视的内容。设备巡视记录应按规范填写，发现问题及时汇报处理。

1. 电子互感器的巡视项目

1）设备标识齐全、正确，压力指示正常。

2）设备基础牢固完整，无倾斜、裂纹、变形。

3）设备无锈蚀、无异声、无异味。

4）套管、伞裙无裂纹、放电闪络现象，均压环固定良好，无倾斜。

5）各引线导线松紧程度适中，无松脱、断股或变形。

6）互感器接地良好，并在接地处旁标有明显的接地符号。

7）设备各组成部分及连接接点测温正常。

8）电子式互感器及采集模块应防水，有良好的密封性能，外观正常。

9）外壳保护接地良好。

10）设备各组成部分及连接接点温度正常。

11）有源式电子互感器需检查电源是否正常。

2. 合并单元的巡视项目

1）外观正常，无异常发热，装置运行状态、通道状态、对时同步灯和 GOOSE 通信灯等 LED 指示灯指示正常，电压切换指示灯与实际隔离开关运行位置指示一致，其他故障灯都熄灭。

2）正常运行时，应检查合并单元检修硬压板在退出位置。

3）一次设备运行时，严禁将合并单元退出运行，否则将造成相应电压、电流采样数据丢失，引起保护误动或闭锁。

4）双母线接线，双套配置的母线电压合并单元并列把手应保持一致，且电压并列把手位置应与监控系统显示一致。

5）母线合并单元，母线隔离开关位置指示灯指示正确。

6）合并单元不带电金属部分应在电气上连成一体，具备可靠接地端子，并应有相应的标识。

7）检查光纤是否连接正确、牢固，有无光纤损坏、弯折现象；检查光纤接头（含光纤配线架侧）是否完全旋进或插牢，无虚接现象，检查光纤标号是否正确，网线接口是否可靠，备用芯和备用光口防尘帽无破裂、脱落，密封良好。

8）模拟量输入式合并单元电流端子排测温检查正常。

9）电子式互感器合并单元输入无异常。

10）屏柜二次电缆接线正确：电流、电压端子接触良好、编号清晰、正确。

3. 智能终端的巡视项目

1）外观正常，无异常发热，空气开关都应在合位，电源及各种指示灯正常，无告警。

2）智能终端前面板断路器、隔离开关位置指示灯与实际状态一致。

3）正常运行时，装置检修压板在退出位置。

4）正常运行时，变压器本体智能终端，非电量保护功能压板、非电量保护跳闸压板应在投入位置。

5）装置上硬压板及转换开关位置应与运行要求一致，闲置及备用压板已摘除。

6）检查光纤是否连接正确、牢固，有无光纤损坏、弯折现象；检查光纤接头（含光纤配线架侧）是否完全旋进或插牢，无虚接现象，检查光纤标号是否正确，网线接口是否可靠，备用芯和备用光口防尘帽无破裂、脱落，密封良好。

7）屏柜二次电缆接线正确，端子接触良好、编号清晰、正确。

8）智能终端不带电金属部分应在电气上连成一体，具备可靠接地端子，并应有相应的标识。

4. 智能组件柜的巡视项目

1）智能控制柜门密封良好，柜内无尘土，接线无松动、断裂，光缆无脱落，锁具、铰链、外壳防护及防雨设施良好，无进水受潮，通风顺畅。

2）柜内应整洁、美观，各焊口应无裂缝、烧穿、咬边、气孔和夹渣等缺陷，柜内安装的非金属材料附件应无脱层、空洞等缺陷，设备状态正常，无告警及异常，无过热等现象。

3）汇控柜断路器、隔离开关位置指示与一次设备状态一致。

4）检查柜内的操动切换把手与实际运行位置相符；控制、电源开关位置正常；连锁位置指示正常。

5）智能组件柜应对柜内温度、湿度具有自主调节功能，柜内应无凝露和结冰，温湿度显示与后台显示一致。柜内应配线及电缆进线固定是否牢固、密封圈密封是否良好，光缆与电缆分开布置并保证光缆无弯折。

5. 智能变电站保护装置的巡视项目

1）检查设备外观正常、电源指示正常，液晶屏幕显示正常无告警。

2）定期核对硬压板、控制把手位置。

3）检查保护测控装置的"五防"联锁把手（钥匙、压板）在正确位置。

6. 网络交换机的巡视项目

1）交换机正常工作时运行灯（RUN）常亮，PWR1、PWR2 灯常亮，有光纤接入的光口，前面板上其对应的指示灯：LINK 常亮，ACT 灯闪烁，其他灯熄灭。

2）如果告警灯亮，需要检查跟交换机相连的所有保护、测控、电能表、合并单元、智能终端等装置光纤是否完好，SV、GOOSE 和 MMS 通信是否正常，后台是否有其他告警信息。如果不正常，通知检修人员处理。

3）交换机每个端口所接光纤（或网线）的标识应该完备。

4）交换机不带电金属部分应在电气上连成一体，具备可靠接地端子，并应有相应的标识。

5）检查监控系统中变电站网络通信状态。

6）使用网络报文分析仪检查网络中 IED 设备的通信状态。

7）检查交换机散热情况，确保交换机不过热运行。

7. 通信网关机的巡视项目

1）数据通信网关机装置正常工作时，电源状态指示灯、时钟同步指示灯、故障指示灯和时间信息（北京时间）显示正确。

2）数据通信网关机与主站网络通信正常，无异常告警。

8. 网络分析仪的巡视项目

1）外观正常，液晶显示画面正常，空气开关都应在合位，无异常发热，电源及网络报文记录装置上运行灯、对时灯、硬盘灯正常，无告警。

2）正常运行时，能够进行变电站网络通信状态的在线监视和状态评估功能，并能实时显示动态 SV 数据和 GOOSE 开关量信息。

3）网络报文记录装置光口所接光纤的标签、标识是否完备。

4）定期检查网络分析仪的报文记录功能。

9. 故障录波器的巡视项目

1）设备巡视时应检查故障录波器装置有无异常告警信号、面板显示是否正常、系统时钟是否准确等情况，确保装置运行正常。发现异常及时汇报调度。

2）定期检查打印机，确保运行情况良好，纸张充足。

10. 智能变电站中监控主机的巡视项目

1）监控主、备机信息一致，主要包括图形、告警信息、潮流和历史曲线等信息。

2）在监控主机网络通信状态拓扑图中检查站控层网络、GOOSE 链路、SV 链路通信状态。

3）监控主机遥测遥信信息实时性和准确性。

4）监控主机工作正常，无通信中断、死机、异音、过热和黑屏等异常现象。

5）监控主机同步对时正常。

7.3.2 智能变电站的运行

1. 电子互感器运行的一般规定

1）电子式互感器采集系统包括其二次绕组、采集单元、合并单元。当采集系统有维护工作，可能影响继电保护系统正常运行时，应将相关保护进行调整。如进行维护工作时，与带电设备安全距离不足时，应将有关带电设备停运。

2）有源式电子互感器不得断开其工作电源。

3）光学原理互感器应采取措施，避免因温度、振动等对互感器精度和温定性的影响。

2. 合并单元运行的一般规定

1）正常运行时，禁止关闭合并单元电源。

2）正常运行时，运维人员严禁投入检修压板。

3）一次设备运行时，严禁将合并单元退出运行，否则将造成相应电压、电流采样数据失去，引起保护误动或闭锁。

3. 智能终端运行的一般规定

1）正常运行时，禁止关闭智能终端电源。

2）正常运行时，运维人员严禁投入检修压板。

3）正常运行时，对应的跳闸出口硬压板应在投入位置。

4）智能终端退出运行时，对应的测控和保护跳闸不能出口。

5）除装置异常处理、事故检查等特殊情况外，禁止通过投退智能终端的跳、合闸出口硬压板投退保护。

4. 交换机运行的一般规定

1）正常运行时，禁止关闭交换机电源。

2）过程层交换机前面板端口连接灯熄灭，此端口通信中断，通知检修人员处理。

3）禁止运维人员操作交换机复位按钮。

5. 压板操作的原则

原则上，运维人员只进行站控层软压板的操作。二次设备的内置软压板、本体硬压板作为二次工作的安全措施，由检修人员根据工作需要进行投退，并履行告知手续。操作保护装置检修压板前，应确认保护装置处于信号状态，且与之相关的运行保护装置（如母差保护、安全自动装置等）二次回路的软压板（如失灵启动软压板等）已退出。在一次设备停用时，操作合并单元检修压板前，需确认相关保护装置的 SV 接收软压板已退出，特别是仍继续运行的保护装置。在一次设备不停用时，应在相关保护装置处于信号或停用后，方可投入该合并单元检修压板。对于母线合并单元，在一次设备不停用时，应先按照母线电压异常处理，根据需要申请变更相应继电保护的运行方式后，方可投入该合并单元检修压板。

操作保护装置、合并单元、智能终端等装置检修压板后，应查看装置指示灯、人机界面变位报文或开入变位等情况，同时核查相关运行装置是否出现非预期信号，确认正常后方可执行后续操作。

6. 智能变电站"五防"系统管理规定

1）站控层"五防"及间隔层"五防"，其闭锁逻辑必须经现场实际传动校验后方可投入使用。

2）在变电站一次系统状况（主接线方式及设备数量）未发生变动时，任何人不得修改"五防"系统的"五防"逻辑。

3）在变电站一次系统状况（主接线方式及设备数量）发生变动时，应重新设计全站"五防"逻辑，经防误闭锁管理部门审核后进行"五防"逻辑的更新，经全面传动试验后方可投入使用。

7. 智能变电站一次设备操作时，继电保护的一般操作顺序

1）一次设备停用时，若需退出继电保护，应按以下顺序进行操作。

① 退出该间隔保护装置的跳闸、合闸和启失灵等 GOOSE 发送软压板。

② 退出相关运行保护装置中该间隔的 GOOSE 接收软压板。

③ 退出相关运行保护装置中该间隔的 SV 软压板或间隔投入软压板。

2）一次设备恢复时，继电保护装置投入运行，应按以下顺序进行操作。

① 投入相关运行保护装置中该间隔的 SV 软压板或间隔投入软压板。

② 投入相关运行保护装置中该间隔的 GOOSE 接收软压板。

③ 投入该间隔保护装置跳闸、重合闸和启失灵等 GOOSE 发送软压板。

7.3.3　智能变电站的智能开票与顺序控制

变电站站控层系统在保留 SCADA 功能设备的基础上，通常会不断增加状态检测、消防安防、智能巡视和计量测量等功能。由于各功能模块相对独立，各有后台，信息共享程度较低，需加以整合。智能变电站一体化监控系统的出现，为各类辅助应用和远动系统提供了标准化规范化的信息访问接口，可实现自动负荷控制、自动电压控制和一次设备在线诊断等功能。同时一体化监控系统可根据运行需求搭载智能开票、一键式顺序控制等高级应用。

1. 智能开票

智能变电站智能开票高级应用应满足变电站各种运行方式需求，具备根据变电站系统运行方式自动推理开票功能。

（1）操作票编辑

操作票编辑功能提供智能开票、图形开票、手工开票和调用存票 4 种模式。正常运行方式下，应优先采用智能开票模式；当智能开票异常时，可采用带有"五防"功能的图形开票模式。只有在有特殊需求或上述两项开票功能异常时，才可采用手工开票模式，自定义编辑操作票，在此模式下，所开步骤未经"五防"验证，操作前应认真核对设备状态。另外重复执行已保存过的操作票时，也可采用调用存票模式，形成新的操作票。

当需要对智能开票功能拟写的操作票进行二次编辑时，可以在线修改操作步骤，可以增加、删除操作步骤，可以调整操作步骤的顺序，最终达到所需操作票的拟写。

（2）操作票归档

为规范拟写的操作票在系统不同环节的状态，可将操作票设置为未审票、已审票、执行票和归档票 4 个属性。拟写好的操作票首先保存为未审票；由正值及以上人员审核，确认操作票正确后保存为已审票。已审票必须在执行前进行模拟预演，以确保操作票执行前目标设备状态与操作前状态保持一致，预演通过的操作票才可转入执行票属性。只有执行票模式下的操作票才可进行操作票登记功能，最终将已执行的操作票转为归档票。

当调度收回或操作票拟票错误时，对不执行、作废的操作票处理时必须输入不执行或作废的原因，并且只有已审票可以执行"不执行"或"作废"操作。不执行或作废的操作票在数据库内采用不同颜色显示，不参与值班人员步骤数或任务数统计。

（3）系统用户管理

系统提供管理员维护权限，可以维护职工基本信息维护（包括姓名、岗位）以及相应的权限和口令。权限分为浏览、拟票（操作）人、审票（监护）人和管理员 4 类，其中拟票人和审票人、操作人和监护人不得在同一张票上输入同一口令，管理员口令可以进行典型票的维护、系统维护等功能。每位运维人员应做好个人密码的保密工作。

（4）系统数据库维护

变电站投运前 1 个月必须完成数据库建立工作，改、扩建工程时，应在新设备投产前，由操作票管理员将所对应的图形数据维护到操作票数据库中，对应的程序化操作流程必须经过实际试验验证，确保正确无误后，方可投入运行。

2. 顺序控制

根据智能开票高级应用预先开好的操作票，通过该高级应用实现一键式顺序控制。如在AIS变电站，可通过智能巡视子系统，从而使一键式顺序控制与变电站智能巡视系统的结合，当操作某个一次设备时，自动控制视频摄像头获取设备图像，通过图像识别技术判断设备状态，并进行自动确认，实现高效准确的顺序控制。如在GIS变电站，可通过遥测、遥信判断设备状态。

（1）智能开票操作票执行顺控前的强制性模拟预演

为保证一键式顺控操作步骤执行的正确性，在该功能模块中设置强制预演功能，预先拟好的操作票必须经过模拟预演正确方可操作。模拟预演可采用单步和全部步骤预演两种模式，模拟预演正确后方可进行倒闸操作，如不正确，系统提示错误步骤及原因。

（2）一键式顺序执行人机交互模式的选择

顺控操作票经模拟预演成功后，可选择执行过程人机交互模式。设备状态的确定，可以实现系统自动确认或人工确认模式，应优先选用自动确认模式，如需人工干预，则选择人工确认模式。

（3）顺控操作票的执行

一键式顺序控制过程中，可设置工具栏，如图7-11所示。"操作票执行"：正式执行顺控操作。"下传操作"：用于将操作步骤下传到计算机钥匙。"上传操作"：用于将计算机钥匙信息上传到监控后台。"取消顺控执行"：用于终止顺序控制。"暂停/继续顺控"用于急停顺序控制。

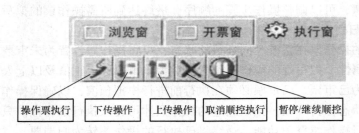

图7-11　一键式顺序控制过程工具栏

系统会提供一键式顺控的全过程展示。运维人员在顺控执行过程中应密切关注执行的进度以及相应设备的变位情况，确保操作安全。

（4）程序化操作与常规操作自由转换功能模块

一键式顺序控制过程中，若发生顺控中断，且不能短时间恢复，并且系统需要继续操作时，选择将程序化操作转常规操作的方式。转人工操作后程序化操作将自动终止，并启动打印程序，打印本操作任务所对应的全部操作步骤（包括程序化操作步骤）。顺控转常规操作票的编号格式可设置为"关联操作票NO：####.1、####.2、####.n"（其中####为原顺控操作票编号，n为一个任务有多页操作票时的操作票页数）。

（5）非顺控操作步骤的处理

对操作票中检查项（顺控操作中断路器、隔离开关等检查项除外）操作，系统自动判断或人工判断设备状态并勾票。

对具有遥测量信息的其他设备操作（如接地开关等），人工操作完成后系统收到变位信息时，自动在相应操作步骤上打钩；对于"五防"接地线操作，在运维人员完成人工操作后，"五防"钥匙回传监控后台挂牌置位，则系统自动在相应操作步骤上打勾。

对不具有遥测量信息的其他设备的操作（如大电流切换端子、空气断路器等），运维人员完成人工操作后，单击操作票"执行完毕"按钮，系统自动在相应步骤上打钩并改变操作票系统相应点位状态。

（6）一键式顺序控制执行要点

AIS变电站一键式顺序控制，由运维人员确定本次操作是否和智能巡视交互，若智能巡视异常，则退出交互功能，本票内所有一次设备的状态检查变为提示项，由运维人员完成。GIS变电站可通过遥测、遥信信息、自动判断完成。顺控过程中发生与智能巡视通信中断时，监控后台应立即弹出智能巡视异常对话框，并暂停顺控操作。若检查维护后异常已恢复，且被操作一次设备已操作到位，则终止本步操作，本操作任务内剩余一次设备检查步骤仍与智能巡视交互；若检查后异常一时无法恢复，则终止与智能巡视交互，本操作任务内剩余所有一次设备检查步骤退出与智能巡视交互，由运维人员人工干预，现场检查设备状态。

在顺控过程中，若智能巡视返回"设备状态不相符"，则监控后台应立即暂停顺控操作，改由运维人员现场检查确认。检查后若是机器人本身有问题导致识别结果不正确，则选择终止与智能巡视交互，将本操作任务内剩余所有一次设备检查步骤退出与智能巡视交互，由运维人员人工干预，现场检查设备状态。若发现为一次设备异常或设备故障引起，则由运维人员检查确认是继续顺控操作还是转人工操作，或是终止操作。如顺控操作异常需暂时停用，则汇报调度，暂停顺控操作，待异常处理完毕，汇报调度，恢复顺控操作。暂停后继续执行的操作，系统应自行将整张票重新模拟预演，预演正确后从中断处继续未执行操作步骤的操作。如顺控操作异常不能继续，可以转人工操作，但需经站长同意。

变电站投运前必须完成所有顺序控制操作票的调试验收工作，确保投运后顺控正确。运维人员应编写完整的验收测试大纲，并做好验收测试记录。顺控流程步骤设置中操作对象、执行条件、确认条件、延时时间和超时时间等条件容易设置错误造成操作不成功，测试过程中应特别注意。改、扩建工程时，应在新设备投产前，完成所有顺序控制操作票的调试验收工作，个别设备由于与系统带电部分连接，可采用目测方式验收。

顺控系统应严格设置管理员权限，除系统管理员外不得修改已设定好的所有操作票的顺控流程，由拟票人临时发布的顺控流程在系统退出后自动删除确保顺控流程数据库完整。顺控步骤的执行条件、确认条件作为顺控执行的判断依据应与后台"五防"逻辑保持一致，一般情况下延时时间、超时时间设置应统一，部分设备由于响应延时不一，系统应根据遥信返回时间设置合理的顺控步骤延时和超时时间。顺控系统必须设置断路器合闸模式的自动选择功能，以满足顺控同期合闸的需求。顺控系统必须设置操作急停功能，以满足特殊情况下紧急停止顺控流程。

7.4 习题

1. 简述智能变电站的"五防"系统的组成。
2. 简述站控层"五防"的作用。

3. 简述间隔层（测控装置）"五防"功能验收的内容。

4. 简述站控层"五防"功能验收的内容。

5. 简述电子互感器的巡视项目。

6. 简述智能变电站保护装置的巡视项目。

7. 简述智能变电站中监控主机的巡视项目。

8. 简述合并单元运行的一般规定。

9. 简述智能终端运行的一般规定。

10. 简述一次设备停用时，若需退出继电保护，进行操作的顺序。

11. 简述一次设备恢复时，继电保护装置投入运行，进行操作的顺序。

12. 填空题

1）间隔层"五防"的逻辑存储在（　　　）中，测控装置通过过程层网络获得一次设备的（　　　）信息，并做出逻辑判断，得到每个操作回路的分合结果，并将闭锁逻辑的判断结果传送给（　　　）和（　　　），不仅能控制监控系统主机遥控命令的发送，实现设备（　　　）闭锁，而且能够开合操作设备的电气控制回路，实现（　　　）闭锁，并且只需要一个接点，便能实现复杂的逻辑。

2）过程层"五防"，主要是指开关柜、地桩、网口等设备上的（　　　），用来防止操作人员误操作、误入间隔。另外随着智能终端的普及，一方面可采集并上传（　　　）等遥信量，另一方面可接收来自（　　　）的指令，并通过其在断路器、隔离开关、可遥控电源空气开关等电气一次设备的（　　　）实现过程层的防误；为防止智能终端与上层通信中断，在智能终端上设置（　　　），实现强制解锁，允许运行人员进行（　　　）操作。

3）间隔"五防"的逻辑是以（　　　）形式存在测控装置中进行运算判断的。

4）智能终端或智能组件重启时要取下（　　　），放上（　　　）后重启装置。

5）当母线智能终端GOOSE断链时，所有220kV间隔母线隔离开关操作将被闭锁，此时只能在（　　　）进行解锁操作。

6）智能变电站装置异常消缺的安全措施主要涉及（　　　）、（　　　）以及（　　　）3类。

7）智能装置软压板一般分为（　　　）软压板、（　　　）软压板、（　　　）软压板、（　　　）软压板。

8）功能软压板编为（　　　）、GOOSE出口软压板编为（　　　）、GOOSE接收软压板编为（　　　）、SV接收软压板编为（　　　）。

9）电子式互感器采集系统包括其（　　　）、（　　　）、（　　　）。

13. 判断题

1）合并单元重启将造成相关保护电流、电压短时失去，重启将造成保护误动。（　　　）

2）经调度许可后可直接重启一次GOOSE交换机，重启正常则继续运行，重启不正常则申请停用相关保护。　　　　　　　　　　　　　　　　　　　　　　　　（　　　）

3）测控装置故障时，可以直接重启装置。　　　　　　　　　　　　　　　（　　　）

4）MMS交换机，经调度许可后可直接重启一次。　　　　　　　　　　　（　　　）

5）正常运行时，应检查合并单元检修硬压板在投入位置。 （　　）

6）双母线接线，双套配置的母线电压合并单元并列把手应保持一致，且电压并列把手位置应与监控系统显示一致。 （　　）

7）正常运行时，变压器本体智能终端，非电量保护功能压板、非电量保护跳闸压板应在投入位置。 （　　）

8）交换机正常工作时运行灯（RUN）常亮，PWR1灯常亮，PWR2灯闪烁，有光纤接入的光口，前面板上其对应的指示灯：LINK常亮，ACT灯闪烁，其他灯熄灭。 （　　）

9）操作保护装置检修压板前，应确认保护装置处于信号状态，且与之相关的运行保护装置（如母差保护、安全自动装置等）二次回路的软压板（如失灵启动软压板等）已退出。
（　　）

10）在一次设备不停用时，应在相关保护装置处于信号或停用后，方可投入该合并单元检修压板。 （　　）

11）顺序控制过程中，若智能巡视返回"设备状态不相符"，则监控后台应立即暂停顺控操作，改由运维人员现场检查确认。 （　　）

参 考 文 献

[1] 国网浙江省电力公司．智能变电站技术及运行维护 ［M］．北京：中国电力出版社，2015.

[2] 国网湖南省电力公司株洲供电分公司．新一代智能变电站运维检修技术 ［M］．北京：中国电力出版社，2016.

[3] 李波．变电站综合自动化技术及应用 ［M］．北京：中国水利水电出版社，2015.

[4] 王远璋．变电站综合自动化现场技术与运行维护 ［M］．北京：中国电力出版社，2004.

[5] 付艳华．变电运行现场操作技术 ［M］．北京：中国电力出版社．2004.

[6] 国家电网公司电力安全工作规程（变电站和发电厂电气部分）试行 ［M］．北京：中国电力出版社，2005.

[7] 国网河南省电力公司郑州供电公司．智能变电站运维技术问答 ［M］．北京：中国电力出版社，2017.

[8] 国家电网公司人力资源部．变电站综合自动化 ［M］．北京：中国电力出版社，2010.

[9] 《变电站综合自动化原理与运行》编写组．变电站综合自动化原理与运行 ［M］．北京：中国电力出版社，2008.

[10] 黄新波．智能变电站原理与应用 ［M］．北京：中国电力出版社，2013.

[11] 路文梅．智能变电站技术与应用 ［M］．北京：机械工业出版社，2014.

[12] 陈宏，等．智能变电站技术培训教材 ［M］．北京：中国电力出版社，2010.

[13] 马大中．变电站综合自动化技术及应用 ［M］．北京：人民邮电出版社，2014.

[14] 王国光．变电站二次回路及运行维护 ［M］．北京：中国电力出版社，2011.

[15] 丁书文．变电站综合自动化原理及应用 ［M］．2 版．北京：中国电力出版社，2010.

[16] 覃剑．智能变电站技术与实践 ［M］．北京：中国电力出版社，2010.

[17] 阮友德．电工技能实训 ［M］．西安：西安电子科技大学出版社，2006.

[18] 袁维义．电工技能实训 ［M］．北京：电子工业出版社，2003.

[19] 国家电网公司人力资源部．变电运行 ［M］．北京：中国电力出版社，2010.

[20] 郑新才，蒋剑．怎样看110kV变电站典型二次回路图 ［M］．北京：中国电力出版社，2009.